Gina-Isabelle Caldi

Astrozyten
//
Gliazellen + Nervenzellen können Transmitter aufnehmen (Wirkdauer d. Transmitters ist somit begrenzt, kein Diffundieren zwischen den Synapsen)

Astrozyten nehmen Glutamat auf + amidieren es zu Glutamin

Physiologie Band 1
Allgemeine Physiologie, Wasserhaushalt, Niere

Mittlerer arterieller P_{O_2} in Ruhe:
(20-j.) ges. jünger Mensch ~ 90 mmHg (= 12 kPa)
40-jähriger ~ 80 mmHg (10,6 kPa)
70-jähriger ~ 70 mmHg

Akute Azidose: $[H^+]$ extrazellulär ↑ : Im Austausch gg. K^+ wird H^+ in die Zelle aufgenommen, d.h. K^+-Konz. im Extraz. ↑

Autor: Claas Wesseler

Herausgeber:
MEDI-LEARN
Bahnhofstraße 26b, 35037 Marburg/Lahn

Herstellung:
MEDI-LEARN Kiel
Olbrichtweg 11, 24145 Kiel
Tel: 04 31/780 25-0, Fax: 04 31/780 25-27
E-Mail: redaktion@medi-learn.de, www.medi-learn.de

Verlagsredaktion: Dr. Waltraud Haberberger, Jens Plasger, Christian Weier, Tobias Happ
Fachlicher Beirat: PD Dr. Andreas Scholz
Lektorat: Eva Drude
Grafiker: Irina Kart, Dr. Günter Körtner, Alexander Dospil, Christine Marx
Layout und Satz: Angelika Lehle, Thorben Kühl, Kjell Wierig
Illustration: Daniel Lüdeling, Rippenspreizer.com
Druck: Druckerei Wenzel, Marburg

1. Auflage 2007

ISBN-10: 3-938802-24-3
ISBN-13: 978-3-938802-24-3

© 2007 MEDI-LEARN Verlag, Marburg

Das vorliegende Werk ist in all seinen Teilen urheberrechtlich geschützt. Alle Rechte sind vorbehalten, insbesondere das Recht der Übersetzung, des Vortrags, der Reproduktion, der Vervielfältigung auf fotomechanischen oder anderen Wegen und Speicherung in elektronischen Medien.
Ungeachtet der Sorgfalt, die auf die Erstellung von Texten und Abbildungen verwendet wurde, können weder Verlag noch Autor oder Herausgeber für mögliche Fehler und deren Folgen eine juristische Verantwortung oder irgendeine Haftung übernehmen.

Wichtiger Hinweis für alle Leser

Die Medizin ist als Naturwissenschaft ständigen Veränderungen und Neuerungen unterworfen. Sowohl die Forschung als auch klinische Erfahrungen sorgen dafür, dass der Wissensstand ständig erweitert wird. Dies gilt insbesondere für medikamentöse Therapie und andere Behandlungen. Alle Dosierungen oder Angaben in diesem Buch unterliegen diesen Veränderungen.
Darüber hinaus hat das Team von MEDI-LEARN zwar die größte Sorgfalt in Bezug auf die Angabe von Dosierungen oder Applikationen walten lassen, kann jedoch keine Gewähr dafür übernehmen. Jeder Leser ist angehalten, durch genaue Lektüre der Beipackzettel oder Rücksprache mit einem Spezialisten zu überprüfen, ob die Dosierung oder die Applikationsdauer oder -menge zutrifft. **Jede Dosierung oder Applikation erfolgt auf eigene Gefahr des Benutzers.**
Sollten Fehler auffallen, bitten wir dringend darum, uns darüber in Kenntnis zu setzen.

Vorwort

Liebe Leserinnen und Leser,

da ihr euch entschlossen habt, den steinigen Weg zum Medicus zu beschreiten, müsst ihr euch früher oder später sowohl gedanklich als auch praktisch mit den wirklich üblen Begleiterscheinungen dieses ansonsten spannenden Studiums auseinander setzen, z.B. dem Physikum.

Mit einer Durchfallquote von ca. 25% ist das Physikum die unangefochtene Nummer eins in der Hitliste der zahlreichen Selektionsmechanismen.

Grund genug für uns, euch durch die vorliegende Skriptenreihe mit insgesamt 31 Bänden fachlich und lernstrategisch unter die Arme zu greifen. Die 30 Fachbände beschäftigen sich mit den Fächern Physik, Physiologie, Chemie, Biochemie, Biologie, Histologie, Anatomie und Psychologie/Soziologie. Ein gesonderter Band der MEDI-LEARN Skriptenreihe widmet sich ausführlich den Themen Lernstrategien, MC-Techniken und Prüfungsrhetorik.

Aus unserer langjährigen Arbeit im Bereich professioneller Prüfungsvorbereitung sind uns die Probleme der Studenten im Vorfeld des Physikums bestens bekannt. Angesichts des enormen Lernstoffs ist klar, dass nicht 100% jedes Prüfungsfachs gelernt werden können. Weit weniger klar ist dagegen, wie eine Minimierung der Faktenflut bei gleichzeitiger Maximierung der Bestehenschancen zu bewerkstelligen ist.

Mit der MEDI-LEARN Skriptenreihe zur Vorbereitung auf das Physikum haben wir dieses Problem für euch gelöst. Unsere Autoren haben durch die Analyse der bisherigen Examina den examensrelevanten Stoff für jedes Prüfungsfach herausgefiltert. Auf diese Weise sind Skripte entstanden, die eine kurze und prägnante Darstellung des Prüfungsstoffs liefern.

Um auch den mündlichen Teil der Physikumsprüfung nicht aus dem Auge zu verlieren, wurden die Bände jeweils um Themen ergänzt, die für die mündliche Prüfung von Bedeutung sind.

Zusammenfassend können wir feststellen, dass die Kenntnis der in den Bänden gesammelten Fachinformationen genügt, um das Examen gut zu bestehen.

Grundsätzlich empfehlen wir, die Examensvorbereitung in drei Phasen zu gliedern. Dies setzt voraus, dass man mit der Vorbereitung schon zu Semesterbeginn (z.B. im April für das August-Examen bzw. im Oktober für das März-Examen) startet. Wenn nur die Semesterferien für die Examensvorbereitung zur Verfügung stehen, sollte direkt wie unten beschrieben mit Phase 2 begonnen werden.

- **Phase 1:** Die erste Phase der Examensvorbereitung ist der **Erarbeitung des Lernstoffs** gewidmet. Wer zu Semesterbeginn anfängt zu lernen, hat bis zur schriftlichen Prüfung je **drei Tage für die Erarbeitung jedes Skriptes** zur Verfügung. Möglicherweise werden einzelne Skripte in weniger Zeit zu bewältigen sein, dafür bleibt dann mehr Zeit für andere Themen oder Fächer. Während der Erarbeitungsphase ist es sinnvoll, einzelne Sachverhalte durch die punktuelle Lektüre eines Lehrbuchs zu ergänzen. Allerdings sollte sich diese punktuelle Lektüre an den in den Skripten dargestellten Themen orientieren!
  Zur **Festigung des Gelernten** empfehlen wir, bereits in dieser ersten Lernphase **themenweise zu kreuzen**. Während der Arbeit mit dem Skript Physiologie sollen z.B. beim Thema „Wasserhaushalt" auch schon Prüfungsfragen zu diesem Thema bearbeitet werden. Als Fragensammlung empfehlen wir in dieser Phase die „Schwarzen Reihen". Die jüngsten drei Examina sollten dabei jedoch ausgelassen und für den Endspurt (= Phase 3) aufgehoben werden.

- **Phase 2**: Die zweite Phase setzt mit Beginn der Semesterferien ein. Zur **Festigung und Vertiefung des Gelernten** empfehlen wir, **täglich ein Skript zu wiederholen und parallel examensweise das betreffende Fach zu kreuzen**. Während der Bearbeitung der Physiologie (hierfür sind sechs bis sieben Tage vorgesehen) empfehlen wir, pro Tag jeweils ALLE Physiologiefragen eines Altexamens zu kreuzen. Bitte hebt euch auch hier die drei aktuellsten Examina für Phase 3 auf.
  Der Lernzuwachs durch dieses Verfahren wird von Tag zu Tag deutlicher erkennbar. Natürlich wird man zu Beginn der Arbeit im Fach Physiologie durch die tägliche Bearbeitung eines kompletten Examens mit Themen konfrontiert, die möglicherweise erst in den kommenden Tagen wiederholt werden. Dennoch ist diese Vorgehensweise sinnvoll, da die Vorab-Beschäftigung mit noch zu wiederholenden Themen deren Verarbeitungstiefe fördert.

www.medi-learn.de

- **Phase 3:** In der dritten und letzten Lernphase sollten **die aktuellsten drei Examina tageweise gekreuzt** werden. Praktisch bedeutet dies, dass im tageweisen Wechsel Tag 1 und Tag 2 der aktuellsten Examina bearbeitet werden sollen. Im Bedarfsfall können einzelne Prüfungsinhalte in den Skripten nachgeschlagen werden.

- Als **Vorbereitung auf die mündliche Prüfung** können die in den Skripten enthaltenen „Basics fürs Mündliche" wiederholt werden.

Wir wünschen allen Leserinnen und Lesern eine erfolgreiche Prüfungsvorbereitung und viel Glück für das bevorstehende Examen!

euer MEDI-LEARN-Team

Online-Service zur Skriptenreihe

Die mehrbändige MEDI-LEARN Skriptenreihe zum Physikum ist eine wertvolle fachliche und lernstrategische Hilfestellung, um die berüchtigte erste Prüfungshürde im Medizinstudium sicher zu nehmen.
Um die Arbeit mit den Skripten noch angenehmer zu gestalten, bietet ein spezieller Online-Bereich auf den MEDI-LEARN Webseiten ab sofort einen erweiterten Service. Welche erweiterten Funktionen ihr dort findet und wie ihr damit zusätzlichen Nutzen aus den Skripten ziehen könnt, möchten wir euch im Folgenden kurz erläutern.

Volltext-Suche über alle Skripte
Sämtliche Bände der Skriptenreihe sind in eine Volltext-Suche integriert und bequem online recherchierbar: Ganz gleich, ob ihr fächerübergreifende Themen noch einmal Revue passieren lassen oder einzelne Themen punktgenau nachschlagen möchtet: Mit der Volltext-Suche bieten wir euch ein Tool mit hohem Funktionsumfang, das Recherche und Rekapitulation wesentlich erleichtert.

Digitales Bildarchiv
Sämtliche Abbildungen der Skriptenreihe stehen euch auch als hochauflösende Grafiken zum kostenlosen Download zur Verfügung. Das Bildmaterial liegt in höchster Qualität zum großformatigen Ausdruck bereit. So könnt ihr die Abbildungen zusätzlich beschriften, farblich markieren oder mit Anmerkungen versehen. Ebenso wie der Volltext sind auch die Abbildungen über die Suchfunktion recherchierbar.

Ergänzungen aus den aktuellen Examina
Die Bände der Skriptenreihe werden in regelmäßigen Abständen von den Autoren online aktualisiert. Die Einarbeitung von Fakten und Informationen aus den aktuellen Fragen sorgt dafür, dass die Skriptenreihe immer auf dem neuesten Stand bleibt. Auf diese Weise könnt ihr eure Lernarbeit stets an den aktuellsten Erkenntnissen und Fragentendenzen orientieren.

Errata-Liste
Sollte uns trotz eines mehrstufigen Systems zur Sicherung der inhaltlichen Qualität unserer Skripte ein Fehler unterlaufen sein, wird dieser unmittelbar nach seinem Bekanntwerden im Internet veröffentlicht. Auf diese Weise ist sichergestellt, dass unsere Skripte nur fachlich korrekte Aussagen enthalten, auf die ihr in der Prüfung verlässlich Bezug nehmen könnt.

Den Onlinebereich zur Skriptenreihe findet ihr unter www.medi-learn.de/skripte

Inhaltsverzeichnis

1 Allgemeine Physiologie — 1

- 1.1 Stoffmenge — 1
- 1.2 Stoffmasse — 1
- 1.3 Konzentration — 1
- 1.4 Osmolarität — 2
  - 1.4.1 Isoton — 2
  - 1.4.2 Hypoton — 2
  - 1.4.3 Hyperton — 3
- 1.5 Osmolalität — 3
- 1.6 Elektrochemischer Konzentrationsgradient — 3
- 1.7 Transportprozesse — 3
  - 1.7.1 Passive Transporte entlang des Konzentrationsgradienten — 3
  - 1.7.2 Aktive Transporte — 5
  - 1.7.3 Elektrogener und elektroneutraler Transport — 7
- 1.8 Ionen und ihre Konzentrationen — 7
  - 1.8.1 Natrium — 8
  - 1.8.2 Kalium — 8
  - 1.8.3 Calcium — 9
- 1.9 Gleichgewichtspotenzial und Nernstgleichung — 10
  - 1.9.1 Nernstgleichung — 11
- 1.10 Ruhemembranpotenzial — 12

2 Wasserhaushalt — 14

- 2.1 Störungen des Wasserhaushalts - Dehydratationen/Hyperhydratationen — 15
  - 2.1.1 Hypotone Dehydratation — 15
  - 2.1.2 Hypotone Hyperhydratation — 16
  - 2.1.3 Hypertone Hyperhydratation — 16
  - 2.1.4 Isotone Dehydratation — 16
- 2.2 Filtrationsdruck — 16
- 2.3 Ödeme - Störungen des Filtrationsdrucks — 17

3 Niere — 21

3.1 Funktionen der Niere — 21

3.2 Autoregulation der Durchblutung — 21

3.3 Clearance — 22
3.3.1 Clearancequotient — 25

3.4 Glomeruläre Filtrationsrate – GFR — 25

3.5 Renaler Plasmafluss – RPF — 26

3.6 Renaler Blutfluss – RBF — 26

3.7 Filtrationsfraktion - FF — 27
3.7.1 Fraktionelle Ausscheidung — 27

3.8 Verschiedene Stoffe und ihr Verhalten in der Niere — 29
3.8.1 Prinzipien der Rückresorption — 29
3.8.2 Rückresorption von Natrium, Kalium, Calcium und anderer Elektrolyte — 29
3.8.3 Rückresorption weiterer wichtiger Substanzen — 34

3.9 Haarnadelgegenstromprinzip – Diurese/Antidiurese — 36

3.10 Die Niere als Wirkungs- und Produktionsort von Hormonen — 37
3.10.1 Aldosteron — 37
3.10.2 Renin-Angiotensin-Aldosteron-System — 37
3.10.3 Antidiuretisches Hormon (=ADH)/Adiuretin/Vasopressin — 38
3.10.4 Atriopeptin/atrialer natriuretischer Faktor (= ANF) — 39
3.10.5 Calcitonin und Parathormon — 40
3.10.6 Erythropoetin — 40
3.10.7 Calcitriol (= 1,25-Dihydroxycholecalciferol) — 41

Index — 43

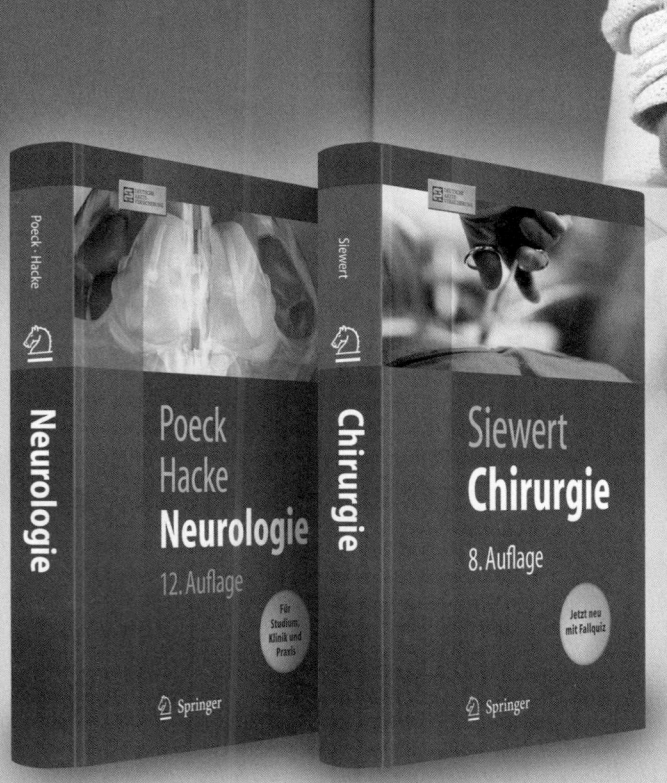

Dieses und über 600 weitere Cartoons gibt es in unseren Galerien unter:

www.Rippenspreizer.com

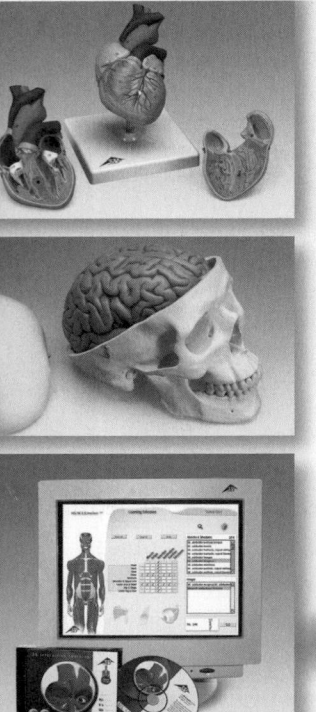

Lernen
mit Produkten
von 3B Scientific

www.3bscientific.de

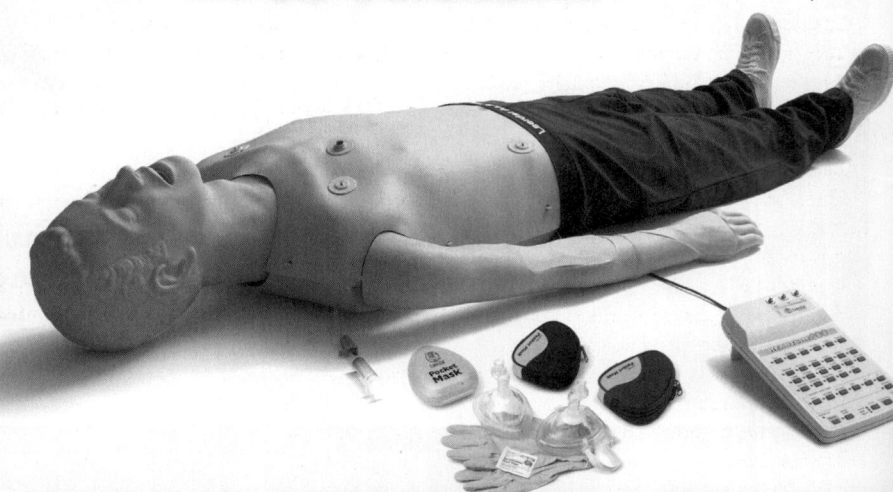

Unseren Medizin Katalog und weitere Informationen erhalten Sie bei:
3B Scientific GmbH · Heidelberger Str. 26 · 01189 Dresden · Telefon: +49 (0)351 - 40 39 00 · Fax: +49 (0)351 - 40 39 090
vertrieb@3bscientific.com · www.3bscientific.de

1 Allgemeine Physiologie

Um eine Sprache fließend zu beherrschen, muss man ihre Worte verstehen und korrekt benutzen können. Da in der Medizin - und damit auch in der Physiologie - eine eigene (Geheim-) Sprache benutzt wird, beginnt dieses Kapitel mit einer kurzen Zusammenfassung der physiologischen Begriffe, die ihr kennen solltet, um in der mündlichen Prüfung locker mitreden zu können und auch den schriftlichen Teil des Examens gut zu bestehen. Zusätzlich könnt ihr damit vielleicht auch noch den einen oder anderen Punkt in Physik oder Chemie einstreichen.

1.1 Stoffmenge

Ein Mol ist die Bezeichnung für eine bestimmte Zahl (= Menge) an Teilchen, von der man mindestens die Dimension (= 10^{23}, eine Zahl mit 23 Nullen!) kennen sollte. Als **Mengenangabe** ist das Mol mit dem Dutzend vergleichbar - nur ist man beim Dutzend schneller mit dem Zählen fertig als beim Zählen von 602,2 Trilliarden Molekülen.

MERKE:
- Die Einheit der Stoffmenge ist das Mol.
- Ein Mol sind $6,022 \times 10^{23}$ Teilchen.

1.2 Stoffmasse

Die Stoffmasse ist das **Gewicht** eines Stoffes mit der Grundeinheit Gramm. Das ist die Einheit, die mit 1000 multipliziert euch morgens als Kilogramm auf der Waage erschreckt.

1.3 Konzentration

Die Einheit Konzentration besteht aus zwei Teilen:
- der Stoffmenge und
- dem Volumen.

Es ist wichtig zu verstehen, dass sich der Begriff Konzentration immer auf die Stoffmenge in einem bestimmten Volumen bezieht.
Im Examen wird die Konzentration daher entweder als

- Mol pro Liter [mol/l] oder
- Gramm pro Liter [g/l] angegeben.

MERKE:
Konzentration = Stoffmenge pro Volumen.

Übrigens...
Weder die Konzentration noch das Volumen oder die Stoffmenge werden im Examen immer in den Grundeinheiten angeben. Mit diesen Umrechnungsfaktoren könnt ihr sie aber - wenn nötig - in die Grundeinheiten zurückverwandeln:
Volumen:
- Deziliter (dl) = 10^{-1} = 0,1 Liter
- Milliliter (ml) = 10^{-3} = 0,001 Liter
- Mikroliter (µl) = 10^{-6} Liter
- Nanoliter (nl) = 10^{-9} Liter
- Pikoliter (pl) = 10^{-12} Liter
- Femtoliter (fl) = 10^{-15} Liter

Masse:
- Kilogramm (kg) = 1000 g = 10^3 Gramm
- Milligramm (mg) = 0,001 g = 10^{-3} Gramm
- Mikrogramm (µg) = 10^{-6} Gramm

Beispiel:
0,002 g/µl. Wie viel ist das in der Grundeinheit g/l?
Dazu muss man den Zahlenwert mit dem entsprechenden Umrechnungsfaktor multiplizieren.
Um von µl auf die Grundeinheit Liter zu kommen, muss man also mal 10^6 rechnen:
0,002 mal 10^6 = 2000 g/l und damit hat man auch schon die Antwort auf die Frage.

1.3.1 Stoffmenge versus Konzentration
Zwischen diesen beiden Begriffen besteht ein kleiner aber wichtiger Unterschied, auf den viele Fragen im schriftlichen Examen abzielen:
- Die Stoffmenge ist eine bestimmte Anzahl von Teilchen mit der Einheit Mol.
- Die Konzentration ist eine bestimmte Stoffmenge pro Volumen. Mögliche Einheiten sind: mol/ml, g/l, mmol/l, g/ml etc.

Konzentration und Stoffmenge können sich unabhängig voneinander ändern. Daher solltet ihr immer genau lesen, wonach gefragt wird.

www.medi-learn.de

Allgemeine Physiologie

Beispiel:
- Vergrößert sich das Volumen, in dem die Teilchen (= Stoffmenge) gelöst sind, spricht man von Verdünnung (s. Abb. 1).
- Verringert sich das Volumen bei gleich bleibender Stoffmenge ist das eine Konzentrierung.

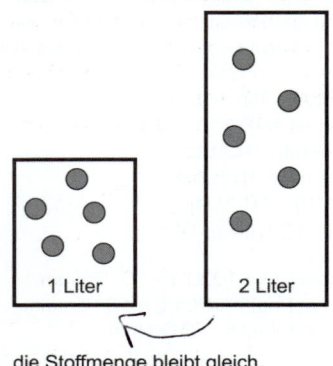

Abb. 1: Verdünnung – unterschiedliches Volumen, gleiche Stoffmenge.

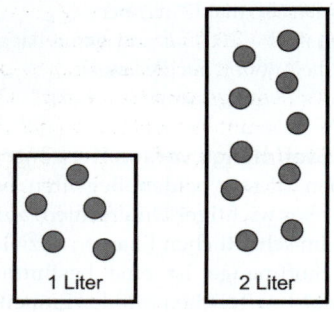

Abb. 2: Gleiche Konzentration heißt NICHT immer auch gleiche Stoffmenge

Die Konzentration bleibt hier gleich, die Stoffmenge aber verdoppelt sich. Wenn ihr euch die beiden Konzentration anschaut (s. Abb. 2), kommt ihr links auf 5g/l, rechts auf 10g/2l. 10g/2l entspricht (durch zwei geteilt) genau 5 g/l. Die Stoffmenge und das Volumen haben sich rechts also verdoppelt, die Konzentration ist aber gleich geblieben.

1.4 Osmolarität

Die Osmolarität beschreibt die Konzentration der osmotisch wirksamen Teilchen in Mol pro Liter Lösungsmittel. Ihre Einheit ist [osmol/l].

MERKE:
Im Blutplasma herrschen normalerweise 300 mosmol/l (= 0,3 osmol/l).

> **Übrigens...**
> 0,3 osmol/l oder 300 mosmol/l entsprechen genau der Osmolarität einer 0,9%igen NaCl-Lösung (= Kochsalzlösung). Das ist auch der Grund dafür, warum diese Lösung im Krankenhaus für viele Dinge benutzt wird - sei es zum Auflösen von Medikamenten oder um einen Venenkatheter durchzuspülen.
> Die 0,9%ige Kochsalzlösung hat die gleiche Osmolarität wie das normale Blutplasma und führt deshalb zu keiner Flüssigkeitsverschiebung zwischen Extra- und Intrazellulärraum. Solche Lösungen bezeichnet man als **isoton**.

Die nun folgenden Begriffe beziehen sich IMMER auf den Extrazellulärraum!

1.4.1 Isoton

In einer isotonen Flüssigkeit schwimmen genauso viele osmotisch wirksame Teilchen herum, wie im normalen Blutplasma, also ziemlich genau 300 mosmol/l. Dieser Wert sollte auch konstant gehalten werden, weil es sonst zu Flüssigkeitsverschiebungen zwischen den einzelnen Körperkompartimenten kommen würde.

1.4.2 Hypoton

Hypoton bedeutet, dass eine **niedrigere Osmolarität als im normalen Blutplasma herrscht (< 300 mosmol/l)**. Da Wasser zum Ort der höheren Konzentration strömt und in den Zellen noch die normale und damit höhere Osmolarität als im Extrazellulärraum herrscht, **führt hypotones Plasma zur Zellschwellung:** Das Wasser strömt in die Zellen ein und kann sie dadurch sogar zum Platzen bringen. So etwas könnte z.B. durch zu viele hypotone Infusionen passieren.

1.4.3 Hyperton

Hyperton bedeutet, dass eine **höhere Osmolarität als im normalen Blutplasma herrscht (>300 mosmol/l)**. Dies führt zur **Zellschrumpfung**, da in diesem Fall Zellwasser ausströmt um die Konzentration an osmotisch wirksamen Teilchen im Extrazellulärraum zu verdünnen (z.B. Trinken vom Meerwasser).

Übrigens...
Wieso bewegt sich beim Konzentrationsausgleich eigentlich nur das Wasser und nicht auch die Elektrolyte (= gelöste Teilchen) über die Zellmembran?
Das liegt daran, dass die **Zellmembran semipermeabel** ist und diese Teilchen nicht durchlässt. Daher muss sich eben das Wasser auf die Reise machen.

MERKE:
Dazu eine kleine Eselsbrücke: Ein hypertoner Blutdruck ist ein zu hoher Blutdruck. In einem hypertonen Plasma herrscht auch ein zu hoher Druck, aber eben ein zu hoher osmotischer Druck = zu viele Teilchen im Plasma.

1.5 Osmolalität

Die Osmolalität beschreibt die **Konzentration osmotisch wirksamer Teilchen pro Kilogramm Lösungsmittel**. Ihre Einheit ist daher **[osmol/ kg H₂O]**.

Übrigens...
Der Unterschied zwischen Osmolarität und Osmolalität im Körper ist sehr gering, da bei uns Wasser das Lösungsmittel ist und 1 Liter Wasser ca. 1kg wiegt.

1.6 Elektrochemischer Konzentrationsgradient – Die Ionen sind hin und her gerissen...

Der elektrochemische Konzentrationsgradient (= E) ist die resultierende Kraft der elektrischen (z.B. positive Ionen streben zum Negativen) und der chemischen Kräfte (= Konzentrationsunterschiede), die an einem Ion zerren. Da diese Kräfte entgegengesetzt sind, muss man um die wirkende Kraft heraus zubekommen, beide Kräfte voneinander abziehen (s. u.). Dieser Gradient (E) ist der Antrieb für viele Zellprozesse - seien es nun Transportprozesse oder Signalübertragungen (z.B. Aktionspotenziale).

Übrigens...
Auch wenn die Konzentrationen von Ionen innerhalb und außerhalb einer Zelle/eines Kompartiments nicht gleich sein sollten, kann sich trotzdem ein Gleichgewicht einstellen. In diesem Fall muss
- die elektrische Kraft (E_m) genauso groß sein wie die chemische (E_x) und
- die elektrische Kraft der chemischen entgegen gerichtet sein:

$$E = E_m - E_x$$

elektrochemischer Konzentrationsgradient [E] = elektrische Potenzialdifferenz [E_m] minus chemischer Potenzialdifferenz [E_x], wobei

E_m = das Membranpotential der Zelle und E_x = das Gleichgewichtspotential für das betreffende Ion ist, welches mit der Nernstgleichung berechnet werden kann (s. 1.9, S. 10).

1.7 Transportprozesse

Bei den Transportprozessen unterscheidet man die aktiven und die passiven Transporte. Diese Einteilung richtet sich einzig danach, ob das **transportierte Teilchen entgegen (= aktiv) oder entlang (= passiv) seines elektrochemischen Konzentrationsgradienten** bewegt wird.
Des Weiteren unterscheidet man den elektroneutralen vom elektrogen Transport. Hier muss man danach schauen, ob eine Ladungsverzerrung stattfindet oder nicht (s. 1.7.3, S. 7).

MERKE:
Alle Transportprozesse sind temperaturabhängig.

1.7.1 Passive Transporte entlang des Konzentrationsgradienten

Ein passiver Transport erfolgt immer entlang des elektrochemischen Konzentrationsgradienten (= immer entlang des Energiegefälles). Beispiele sind die **Diffusion**, die **Osmose** und der **Natriumtransport** durch einen Natriumkanal in die Zelle.

Allgemeine Physiologie

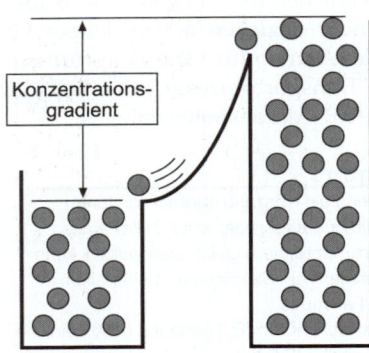

Abb. 3: passiver Transport entlang des Konzentrationsgradienten

Diffusion
Die einfachste passive Transportform durch eine Membran ist die Diffusion. Diffusion bedeutet, dass sich frei bewegliche Stoffe auf Grund von zufälligen thermischen Bewegungen verteilen und so Konzentrationsunterschiede (= Konzentrationsgradienten) ausgleichen. Die Geschwindigkeit dieser Verteilung hängt vom **Konzentrationsunterschied (= Δc)**, der **Fläche (= A)** und der **Permeabilität (= P)** der Membran ab, durch die der Austausch stattfindet. **J entspricht der transportierten Substanzmenge pro Zeit [mol/s]** und ist damit eine Geschwindigkeitsangabe:

J in [mol/s] = **P x Δc x A**

Dasselbe sagt auch das Fick-Diffusionsgesetz:
$dQ/dt = D \times A \times (c_1-c_2)/d$

dQ/dt = Netto-Diffusionrate in mol/s
D = Fick-Diffusionskoeffizient
d = Diffusionstrecke
A = Membranfläche
c_1-c_2 = Konzentrationsunterschied Δc

Übrigens...
Die zweite Formel sieht deshalb anders aus, da sich Herr Fick die Mühe gemacht hat, die Permeabilität P (in der oberen Formel) als D/d aufzulösen und Δc als (c_1-c_2) zu schreiben. dQ/dt bedeutet Mengenänderung pro Zeitänderung.

MERKE:
Stoffe, die frei beweglich sind, verteilen sich auf Grund von zufälligen thermischen Bewegungen und gleichen damit Konzentrationsunterschiede aus.

Erleichterte Diffusion
Die normale Zellmembran ist für geladene Stoffe/Teilchen schwer durchgängig. Um **einiger dieser Teilchen den Durchtritt zu erleichtern, gibt es die Kanalproteine (= Carrier).** Da auch dieser Durchtritt eine **passive** Bewegung entlang des Konzentrationsgradienten ist, spricht man von erleichterter Diffusion. Im Gegensatz zur normalen Diffusion, die hauptsächlich vom Konzentrationsunterschied Δc abhängt, ist die Geschwindigkeit der erleichterten Diffusion jedoch stark abhängig von der Anzahl der Transportkanäle. Daher kann sie - wenn die Transporter überlastet sind - eine **Sättigungscharakteristik** zeigen, was bei der einfachen Diffusion nicht der Fall ist.

MERKE:
Der Glucosetransport in die Hepato- und Adipozyten erfolgt durch erleichterte Diffusion.

Osmose
Bei der Osmose sind die Stoffe/Teilchen im Gegensatz zur Diffusion NICHT frei beweglich, weil eine semipermeable Membran dies verhindert. Um die Konzentrationsunterschiede trotzdem auszugleichen, muss sich hier das Lösungsmittel bewegen. Die Flüssigkeit strömt dabei zum Ort der höheren Konzentration und führt in diesem Kompartiment zur **Erhöhung des hydrostatischen Drucks** (s. Abb. 4).

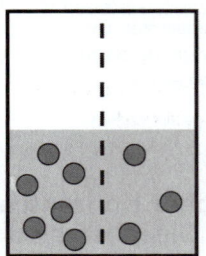 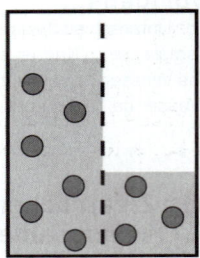

Abb. 4: Osmose – nur das Wasser kann durch die Membran fließen

Übrigens...
Der hydrostatische Druck gibt die Höhe der Wassersäule an und wird deshalb in der Einheit [cm H$_2$O] angegeben.

Merke:
- Die einfache Diffusion zeigt KEINE Sättigungscharakteristik.
- Die erleichterte Diffusion kann gesättigt werden (= wenn alle Carrier besetzt sind).
- Osmose und Diffusion sind temperaturabhängig und führen zu einem dynamischen Gleichgewicht.
- Die Membran hat entscheidenden Anteil an den Transportprozessen, z.B. durch ihren Reflexionskoeffizienten, ihre Fläche und ihre Permeabilität.

Übrigens...
Der Reflexionskoeffizient σ (= Sigma) gibt an, wie stark ein bestimmtes Teilchen an der Grenzfläche/Membran abgestoßen wird. Er kann Werte zwischen 1 (= Membran ist undurchlässig) und 0 (= Membran ist völlig durchlässig) annehmen.
Eine **semipermeable Membran** hat den Reflexionskoeffizienten σ = 1, da sie nur das Lösungsmittel, nicht aber die darin gelösten Teilchen passieren lässt.

Im schriftlichen Examen wurde schon nach der **realen osmotischen Druckdifferenz** $\Delta\pi$ gefragt und welche Größen dort mit hineinspielen:
Die reale osmotische Druckdifferenz nach van't Hoff und Staverman ist definiert als
$\Delta\pi = \sigma \times R \times T \times \Delta C_{osm}$
mit
R = allgemeine Gaskonstante,
T = absolute Temperatur,
ΔC_{osm} = transepithelialer/transendothelialer realer Osmolaritätsunterschied und
σ = Reflexionskoeffizient an der Membran.

1.7.2 Aktive Transporte
Das Wort aktiv deutet schon an, dass bei dieser Transportform Energie verbraucht wird. Diese Energie dient dazu, einen Konzentrationsgradienten aktiv zu überwinden und z.B. Natrium aus der Zelle zu schaffen. Man kann sich das so vorstellen: Es braucht mehr Energie einen Stein aktiv die Treppe hochzutragen, als ihn passiv hinunterplumpsen zu lassen (s. Abb. 5).

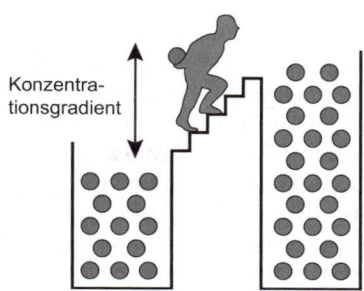

Abb. 5: ein aktiver Transport erfordert Energie

Primär-aktiver Transport
Um den elektrochemischen Konzentrationsgradienten zu überwinden, muss der Körper **aktiv** werden und Energie aufwenden. Stammt diese **Energie direkt aus ATP**, so nennt man den Transport primär-aktiv. Das „primär" bezieht sich auf die direkt am Transporter stattfindende **ATP-Hydrolyse**.
Das ultimative Beispiel für einen primär-aktiven Transport ist die Na$^+$-K$^+$-ATPase (s. Abb. 6). Daneben gibt es jedoch auch Ca^{2+}- und H$^+$-Pumpen, die direkt ATP verbrauchen, um ihre Teilchen über die Membran zu schaffen.
Prüfungsrelevante Beispiele primär-aktiver Transporter sind:
- Na$^+$-K$^+$-ATPase,
- H$^+$-ATPasen (in Mitochondrien),
- Ca^{2+}-ATPase (im sarkoplasmatischen Retikulum) und
- H$^+$/K$^+$-ATPase (in den Belegzellen des Magens).

Na$^+$/K$^+$-ATPase

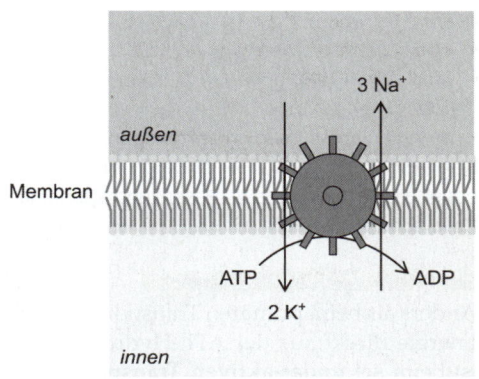

Abb. 6: Natrium-Kalium-ATPase

Allgemeine Physiologie

Die Na$^+$/K$^+$-ATPase ist **DAS** Beispiel für einen primär-aktiven Transport und deshalb auch der Liebling im schriftlichen Examen.
In einem Pumpzyklus schafft dieser Transporter **drei Natriumionen aus der Zelle hinaus** und nimmt dafür **zwei Kaliumionen in die Zelle auf**. Damit ist die Na$^+$/K$^+$-ATPase ein elektrogener Transporter (s. 1.7.3, S. 7). Außerdem ist sie der größte ATP-Verbraucher im menschlichen Körper. Wird die **ATP-Produktion einer Zelle gestört, kommt es auf Grund der eingeschränkten Funktion der Na$^+$/K$^+$-ATPase zu einem Anstieg der intrazellulären Natriumkonzentration und zur Zellschwellung**. Ist genügend ATP vorhanden und die Natriumkonzentration in der Zelle erhöht sich aus einem anderen Grund, so pumpt die Na$^+$/K$^+$-ATPase einfach schneller und kann wieder ein Gleichgewicht herstellen.

Übrigens...
- Wie jeder andere Transporter (und jede andere Transportform) ist auch die Na$^+$/K$^+$-ATPase **temperaturabhängig**.
- Die Na$^+$/K$^+$-ATPase ist durch **g-Strophantin (= Ouabain) spezifisch hemmbar**, was die Medizin in Form der Herzglykoside nutzt.
- **In der Niere ist die Na$^+$/K$^+$-ATPase basolateral** gelegen und baut dort den sehr wichtigen Natriumgradienten auf, der Antrieb für den Großteil der sekundär-aktiven Transportmechanismen im Tubulussystem ist.

Merke:
Die Na$^+$/K$^+$-ATPase
- ist primär aktiv,
- pumpt 2 K$^+$ in die Zelle hinein und 3 Na$^+$ aus der Zelle pro Pumpzyklus heraus (= elektrogen!),
- pumpt vermehrt bei erhöhter intrazellulärer Na$^+$-Konzentration,
- ist temperaturabhängig,
- wird durch g-Strophantin (= Ouabain) gehemmt und
- ist in der Niere basolateral gelegen.

Nach Blockade der ATP-Produktion einer Zelle steigt die intrazelluläre Na+-Konzentration und die Zelle schwillt an.

Sekundär aktiver Transport

Anders als beim primären Transport, bei dem die Energie direkt aus der ATP-Hydrolyse stammt, ist beim **sekundär-aktiven Transport meist ein hoher Natriumgradient die Triebkraft.**

Die Na$^+$/K$^+$-ATPase baut in diesem Fall zunächst primär aktiv einen hohen Natriumgradienten auf, dessen Natriumteilchen wieder in die Zelle zurück drängen und dafür an den Transportern der Membran eine Art Zollgebühr entrichten müssen. Diese Zollgebühr besteht darin, dass sie ein Teilchen mitnehmen (= Symport) oder ausschleusen (= Antiport), wenn sie die Membran passieren.

Übrigens...
- Ihr solltet euch unbedingt merken, dass sich das **Natriumion** beim sekundär-aktiven Transport **passiv bewegt**, weil es entlang seines Konzentrationsgradienten transportiert wird. Das im Symport oder Antiport **bewegte Teilchen** wird dagegen **sekundär aktiv transportiert**, da dieser Transport entgegen dessen Konzentrationsgradienten stattfindet.
- Da der sekundär-aktive Transport ein aktiver Transport ist, kann er entgegen des elektrochemischen Gradienten erfolgen.

Merke:
Die sekundär-aktiven Transporter sind für Substanzen/Substanzgruppen spezifisch, temperaturabhängig und sättigbar.

Beispiele sekundär-aktiver Transporter:
- Na$^+$/Ca^{2+}-Gegentransport (=Antiport),
- Glucosecarrier an den Nierentubuluszellen (= luminal) sowie an den Dünndarmepithelzellen (= luminal) und
- Aminosäurecarrier im Nierentubulus.

Tertiärer Transport - alle guten Dinge sind drei...

Der primär aktive Transport verbraucht direkt ATP, der sekundär aktive die aufgebaute Energie des primären Transportes und woher kommt die Energie für den tertiären Transport? Richtig! Der tertiär aktive Transport nutzt einen Energiegradienten, der durch einen sekundär aktiven Transport aufgebaut wurde.

Beispiel:
Die Rückresorption von Disacchariden erfolgt im Nierentubulus im Symport mit H^+-Ionen. Durch die basolaterale Na^+/K^+-ATPase wird mit einem primären Transportvorgang ein Natriumgradient aufgebaut, den der sekundär aktive Na^+/H^+-Antiporter luminal nutzt um H^+-Ionen in den Tubulus zu sezernieren. Wenn die H^+-Ionen nun wieder ihrem Gradienten folgend in die Zelle wollen, geschieht dies im Symport mit Disacchariden und damit tertiär aktiv.

Übrigens...
Ein kleiner Tipp für die mündliche Prüfung: Auf die Frage „ob es auch einen passiven Transport entgegen des **chemischen** Konzentrationsgradienten geben kann", lautet die Antwort JA. Grund: Es gibt zwar keinen passiven Transport entgegen des **elektrochemischen** Konzentrationsgradienten, aber entgegen der chemischen Kraft ist das schon möglich, vorausgesetzt, die elektrische Kraft ist größer und der chemischen entgegengesetzt. Entgegen des elektrischen Gradienten ist das natürlich auch möglich. Dann muss eben die chemische Kraft überwiegen.

1.7.3 Elektrogener und elektroneutraler Transport

In den Examen der letzten Jahre wurde auch nach den Ladungsverschiebungen bei Transporten durch Membranen gefragt. Bewegen sich nämlich Ionen (= geladene Teilchen) durch eine Membran, nehmen sie ihre Ladungen mit:
- Ist der Ladungstransport ausgeglichen, spricht man von elektroneutralem Transport,
- tritt eine Ladungsverzerrung auf, ist es ein elektrogener Transport.

Elektroneutraler = ausgeglichener Ladungstransport
Tauschen sich im Antiport zwei positive Ladungen gegeneinander aus, so führt dies zu keiner Ladungsveränderung. Genauso verhält es sich, wenn beim Symport ein negatives zusammen mit einem positiven Teilchen bewegt wird.

Beispiele für elektroneutralen Transport:
- Na^+-H^+-Antiport im proximalen Tubulus (= zwei positive Ladungen tauschen sich aus, Bilanz = 0),
- Na^+-Cl^--(thiazid-sensitiver)Symport im distalen Nierentubulus (= eine positive und eine negative Ladung werden zusammen transportiert, Bilanz = 0),
- Cl^--HCO_3^--Antiport der Erythrozyten (= zwei negative Ladungen tauschen sich aus, Bilanz = 0),
- H^+/K^+-ATPase der Belegzellen (= zwei positive Ladungen tauschen sich aus, Bilanz = 0).

Elektrogener = ungleicher Ladungstransport
Nach einem elektrogenen Transportvorgang sind die Ladungen über der Membran anders verteilt. Grund dafür ist z.B., dass ein ungeladenes Teilchen zusammen mit einem geladenen Teilchen über die Membran transportiert wird.

Beispiele für elektrogenen Transport:
- Na^+/K^+-ATPase (= zwei positive Ladungen in die Zelle, drei positive hinaus, Bilanz = -1),
- Na^+-Glucose-Symport (= eine positive Ladung und ein ungeladenes Teilchen kommen in die Zelle, Bilanz = +1),
- Na^+-Transport durch den Na^+-Kanal (= eine positive Ladung in die Zelle, Bilanz = +1).

1.8 Ionen und ihre Konzentrationen

Ionen sind kleine geladene Teilchen (= Elektrolyte), die vielfältige Aufgaben im Körper haben. Teil 1 dieses Kapitels beschäftigt sich mit ihren unterschiedlichen Konzentrationen im Blutplasma und im Intrazellulärraum, Teil 2 geht auf ausgewählte Ionen ein und enthält deren prüfungsrelevante Details.

MERKE:

	Na⁺ (mmol/l)	K⁺ (mmol/l):	Ca²⁺ (mmol/l)	HCO₃⁻ (mmol/l):	Cl⁻ (mmol/l)
Blutplasma	140-145	4-5	1,25 in freier Form / 2,5 gesamt	25	105
Zelle	14	150	10^{-5}	10	5
Konzentrationsverhältnis außen/innen	10:1	1:30	$1:10^{-5}$	2,5:1	20:1

Tabelle 1: Ionenverteilungen in und außerhalb einer Zelle

Übrigens...
Auch wer nicht gerne auswendig lernt, sollte bei dieser Tabelle über seinen Schatten springen und sich wenigstens die unterlegten Werte merken.

1.8.1 Natrium
Das Natrium ist zusammen mit dem Chlorid (Konzentration extrazellulär = ca. 100 mmol/l) die wichtigste osmotische Komponente der extrazellulären Flüssigkeit. Seine extrazelluläre Konzentration von 140-145 mmol/l wird durch mehrere Hormonsysteme wie z.B. Aldosteron und ANF (s. 3.10.4, S. 39) konstant gehalten. Intrazellulär beträgt die Natriumkonzentration nur 14 mmol/l, wodurch ein kraftvoller Konzentrationsgradient entsteht, der für Erregungsprozesse und zum Antrieb fast aller sekundär aktiven Transporte genutzt wird.

Übrigens...
Natrium ist ein Ion, das prozentual am meisten intestinal (= über den Darm) resorbiert wird und den Körper hauptsächlich über die Nieren verlässt.

MERKE:
- Na⁺ und Cl⁻ sind die osmotisch wichtigsten extrazellulären Ionen,
- die extrazelluläre Na⁺-Konzentration beträgt 140-145 mmol/l,
- die intrazelluläre Na⁺-Konzentration beträgt 14 mmol/l,
- an der Zellmembran herrscht ein kraftvoller Na⁺-Gradient von außen:innen = 10:1 und
- Na⁺ wird intestinal resorbiert und renal eliminiert.

1.8.2 Kalium
Kalium ist - wenn man die Konzentrationsverteilung betrachtet - der Gegenspieler des Natriums: es ist hochkonzentriert in der Zelle, außen jedoch wesentlich schwächer vertreten. Mit einer Konzentration **von 150 mmol/l in der Zelle** ist es dort das höchstkonzentrierte Ion. Seine normale **extrazelluläre Konzentration von 4-5 mmol/l** darf sich nur in engen Grenzen bewegen, da Kalium ein wichtiger stabilisierender Faktor des Ruhemembranpotenzials (s. 1.10, S. 12) ist.
Eine zu hohe oder zu niedrige extrazelluläre K⁺-Konzentration kann zu Herzrhythmusstörungen und zum Herzstillstand führen.
Um die extrazelluläre K⁺-Konzentration niedrig zu halten, wird Kalium **primär-aktiv** (= unter ATP-Verbrauch) durch die Na⁺/K⁺-ATPase ins Zytosol gepumpt. Gefördert wird dieser Einwärtstransport unter anderem von Insulin, einem Hormon, das man sonst eher mit dem Blutzuckerspiegel in Verbindung bringt.

Übrigens...
Warum kommt es bei einer Hyperkaliämie eigentlich zum Herzstillstand? Antwort: Eine starke Hyperkaliämie bewirkt ein positiveres Ruhemembranpotenzial (s.1.10, S. 12), am Herzen auch maximal diastolisches Potential (= MDP) genannt. Dieses positivere MDP führt zur Inaktivierung der Na⁺-Kanäle, was zur schlimmsten Folge haben kann, dass das Aktionspotenzial im AV-Knoten nicht mehr auslösbar ist und es zum Herzstillstand kommt.

Etwas Gutes hat dieser Mechanismus aber auch: Bei Herztransplantationen macht man ihn sich zunutze, um einen reversiblen Herzstillstand durch kardioplege Lösungen künstlich zu erzeugen.

MERKE:
Insulin fördert die Kaliumaufnahme in die Zellen.

Der Kaliumhaushalt kann auf mehrere Arten durcheinander geraten. Unterschieden wird eine
- Hypokaliämie (= zuwenig extrazelluläres Kalium) von einer
- Hyperkaliämie (= zuviel extrazelluläres Kalium).

MERKE:
Zur Hypokaliämie kommt es, wenn zuviel Kalium ausgeschieden wird.
Beispiel:
- Durchfallerkrankungen oder regelmäßiges Erbrechen.

Zur Hyperkaliämie kommt es, wenn zuwenig Kalium ausgeschieden wird oder Kalium aus den Zellen austritt (Kalium hat die höchste intrazelluläre Konzentration aller Ionen).
Beispiele:
- terminale Niereninsuffizienz: Die Kaliumausscheidung ist vermindert.
- Hämolyse: Durch Zerstörung der Erythrozyten tritt viel Kalium aus.
- akute Azidose: Jede pH-Veränderung wirkt auf die Na^+/K^+-ATPase und somit auf die Kaliumverteilung zwischen Extra- und Intrazellulärraum; eine pH-Erniedrigung führt zur Erhöhung des extrazellulären Kaliums.
- Hypoaldosteronismus: Aldosteron stimuliert die Kaliumausscheidung; bei Aldosteronmangel sammelt sich deshalb Kalium im Körper an.

Übrigens...
Solltet ihr - nach eurem erfolgreich bestandenen Physikum - bei eurer ersten Famulatur Blut abnehmen dürfen und es kommt nach zwei Stunden ein Anruf aus dem Labor, der lautet: „Der Patient hat eine Hyperkaliämie von 7 mmol/l, besteht wahrscheinlich kein Grund zur Panik. Euer Assistenzarzt wird euch dann (hoffentlich) verständnisvoll anlächeln, selbst noch einmal Blut abnehmen und einen Kaliumwert von 4,5 mmol/l herausbekommen.
Grund: Wenn ihr bei der Venenpunktion lange nach einem brauchbaren Gefäß suchen musstet und dementsprechend lange das Blut in den Venen des Arms des Patienten gestaut habt, kam es dort zur Hämolyse, bei der das Kalium aus den Erythrozyten ausgetreten ist. Die Folge war eine - nur lokal existierende - Hyperkaliämie. Bedenkt diese Möglichkeit bitte in der schriftlichen Prüfung und im späteren Leben als Arzt, dann könnt ihr auch verständnisvoll mit dem Assistenzarzt mitlächeln...

MERKE:
- K^+ ist das Ion mit der höchsten intrazellulären Konzentration von 150 mmol/l,
- die extrazelluläre K^+-Konzentration beträgt 4-5 mmol/l,
- K^+ wird primär aktiv ins Zytosol transportiert und
- Insulin fördert die Kaliumaufnahme in die Zellen.

1.8.3 Calcium
Vom Gesamtcalcium des Körpers befindet sich nur **1 Prozent im Umlauf (= im Blut)**, der Rest (**= 99%) ist als Calciumphosphat im Knochen gebunden.** Aus dem Knochen kann Calcium durch das Parathormon mobilisiert (= freigesetzt) werden. Das eine Prozent, das im Plasma umherschwimmt, **hat dort eine Konzentration von 2,5 mmol/l. Von diesen 2,5 mmol Calcium ist aber nur die Hälfte (= 1,25 mmol/l) ungebunden, frei, ionisiert und biologisch aktiv**. Der Rest ist komplex- oder proteingebunden (an Phosphat oder Albumin) und deswegen in der Niere NICHT frei filtrierbar, da dieses gebundene Calcium den Filtermechanismus gar nicht erst überwinden kann.
Im Zytosol beträgt die Ca^{2+}-Konzentration 10^{-5} mmol/l und ist daher um den Faktor 10 000 kleiner als die extrazelluläre Ca^{2+}-Konzentration.

Übrigens...
Im schriftlichen Examen wurde bei Fragen nach dem Verhältnis von intra- zu extrazellulärem Calcium schon mal ein Verhältnis von < 0,001 als Antwort angeboten. Beachtet bei solchen Fragen bitte, dass „unter/kleiner als 0,001" auch 0,0001 bedeuten kann, was ja das wahre Verhältnis von intra- zu extrazellulärem Calcium ist. Die richtige Antwort war hier also einzig und allein am Wörtchen „unter" zu erkennen.

Calcium konkurriert in seiner Proteinbindung am Albumin mit H⁺-Ionen. Ist der Säure-Base-Haushalt gestört und es liegt eine **Azidose (= niedriger pH-Wert = viele H⁺-Ionen)** vor, so verdrängen die Wasserstoffionen Calcium von seinem Proteinbindungsplatz (z.B. am Albumin). Folge: Das **freie Calcium im Plasma steigt an,** OHNE dass sich die Gesamtplasmakonzentration ändert.

Umgekehrt kommt es bei einer **Alkalose (= hoher pH-Wert = wenige H⁺-Ionen)** zum **Absinken der freien Calciumkonzentration im Plasma,** weil mehr Proteinbindungsplätze für Calciumionen vorhanden sind und auch genutzt werden.

Da der Calciumspiegel Einfluss auf die Erregbarkeit vieler Zellen hat, kann es bei diesen Störungen im Säure-Base-Haushalt zu Krämpfen kommen.

Beispiel: Hyperventilationstetanie.

> **Übrigens...**
> Die Therapie der Hyperventilationstetanie besteht darin, den CO_2-Partialdruck zu erhöhen und dadurch den Blut-pH zu senken. Dies erreicht man durch CO_2 Rückatmung. Wie man bei einem Patienten die Rückatmung fördert, bleibt dem Helfer überlassen: von Nase Zuhalten über Rückatmungsbeutel bis hin zu beruhigenden Worten ist dabei alles erlaubt.

MERKE:
- 1% des Gesamtcalciums befindet sich außerhalb des Knochens mit einer Konzentration von 2,5 mmol/l. Davon sind 1,25 mmol/l frei und biologisch aktiv, die andere Hälfte ist proteingebunden.
- Das Ca^{2+}-Verhältnis von intra- zu extrazellulär beträgt unter 0,001.
- Bei Azidose ist mehr freies Calcium, bei Alkalose weniger freies Calcium vorhanden. Grund: Konkurrenz des H⁺ mit Calcium um die Proteinbindung am Albumin.
- Calcium ist beteiligt an
  - der Muskelkontraktion,
  - der Glykogenolyse im Muskel,
  - der Exozytose von Neurotransmittern und
  - der Prothrombinaktivierung bei Gefäßverletzungen.
- In vielen Zellen werden Ca^{2+}-Ionen durch IP_3 aus ihren intrazellulären Speichern freigesetzt.

1.9 Gleichgewichtspotenzial und Nernstgleichung

Beim Lesen der Begriffe Gleichgewichtspotenzial und Nernstgleichung, stellen sich wahrscheinlich bei vielen von euch schon die Nackenhaare auf. Dabei ist es gar nicht soooo schlimm ...

Um die meisten Fragen im schriftlichen Examen zu beantworten, bedarf es nämlich lediglich einiger weniger „Kochrezepte". Wem das auch noch nicht schmeckt, der sollte sich wenigstens die am häufigsten gefragten Potenziale ansehen und merken.

Vergegenwärtigen wir uns zunächst noch mal, was für Kräfte auf ein Ion wirken: Es gibt die elektrischen (= E_m) und die chemischen Triebkräfte (= E_x). Um die resultierende elektrochemische Triebkraft (= E) zu erhalten, muss man diese beiden Kräfte unter einen Hut bekommen, und das gelingt mit folgender Formel:

$$E = E_m - E_x$$

Nimmt man nun an, die **elektrische (= E_m)** und die **chemische Triebkraft (= E_x) seien gleich groß aber entgegengesetzt**, dann hat die **resultierende Triebkraft E den Wert Null**. Aber Vorsicht: „Schon die Mathematik lehrt uns, dass man Nullen nicht übersehen darf." (Gabriel Laub, polnischer Satiriker)

Die Null sagt uns, dass kein Nettofluss an Ionen stattfindet, weil die Kräfte ausgewogen sind. Da es sich hier aber um ein dynamisches Gleichgewicht handelt, wechseln trotzdem Teilchen die Seiten. Jedes dieser Teilchen hat aber seinen Tauschpartner, so dass letztendlich (= netto) alles ausgewogen bleibt.

Übrigens...

Die Triebkraftberechnungen erforderten bislang nur das einfache Einsetzen von gegebenen Zahlen in die Formel $E = E_m - E_x$.

Rechenbeispiel zur Triebkraft aus einem Examen:
Ruhemembranpotenzial = –60 mV,
Gleichgewichtspotenzial von Natrium = +60 mV.
Nach Einsetzen in die Formel steht da:
$E = (-60\,mV) - 60\,mV = -120\,mV$
Das bedeutet, dass Natrium mit einer Potenzialdifferenz von –120 mV in die Zelle getrieben wird.

Merke:
per Definiton:
- positive Ströme = Ausstrom von Kationen
- negative Ströme = Einstrom von Kationen

Für das Gleichgewichtspotenzial:
- Das elektrochemische Potenzial E (= Triebkraft) für Ionen an der Membran errechnet sich aus der Differenz von aktuellem Membranpotential (E_m) und Gleichgewichtspotenzial für das betreffende Ion (E_x).
- Beim Gleichgewichtspotenzial beträgt die elektrochemische Potenzialdifferenz für das betreffende Ion 0. Daher sind hier die elektrische und die chemische Triebkraft gleich groß, aber entgegengesetzt gerichtet!
- Das Gleichgewichtspotenzial lässt sich mit der Nernstgleichung berechnen.

1.9.1 Nernstgleichung

Die Nernstgleichung dient dazu, das Gleichgewichtspotenzial für eine bestimmte Ionensorte zu berechnen. Zu diesem Thema solltet ihr unbedingt wissen, was die einzelnen Konstanten bedeuten und, dass man den Logarithmus aus der äußeren Konzentration einer Ionensorte geteilt durch die innere Konzentration bildet.

Übersicht über verschiedene Logarithmen:
- log von 10 = 1
- log von 100 = 2
- log von 1000 = 3
- log von 10^{-3} = -3

Also einfach die Nullen zählen (Beispiel 1-3) oder die Hochzahl nehmen (Beispiel 4)…

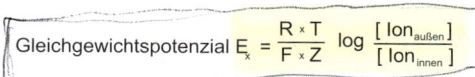

$$\text{Gleichgewichtspotenzial } E_x = \frac{R \times T}{F \times Z} \log \frac{[Ion_{außen}]}{[Ion_{innen}]}$$

R = Gaskonstante
T = absolute Temperatur
F = Faraday-Konstante
Z = Wertigkeit des Ions (Vorzeichen)

Abb. 7: Nernstgleichung

Übrigens...

Sollte sich die Wertigkeit eines Ions (= Ladungszahl: für Calcium +2, für Chlorid –1 etc.) ändern, war es bisher im schriftlichen Examen immer so, dass die geänderte Formel mit angegeben wurde.

Ausgerechnet ergibt das für positive einwertige Ionen (z.B. Natrium):

$$E_x = 60\,mV \times \log \frac{Ion_{außen}}{Ion_{innen}}$$

Beispiele:
Natrium intrazellulär = 14 mmol/l
Natrium extrazellulär = 140 mmol/l
Eingesetzt in die Formel ergibt das den Quotient 10/1 = 10.
Der log von 10 ist 1 und das Gleichgewichtspotenzial daher 60 mV.

Die Ca^{2+}-Konzentration im Zytosol einer Zelle sei zehntausendfach geringer als extrazellulär, d.h. $c_{innen} : c_{außen} = 1:10000$.

angegeben war diese Formel:

$$E_{ca} = -(\lg \frac{c_i}{c_a}) \times 30\,mV$$

Der log von 1:10000 ist, -(-4) x 30mV= +120mV

Übrigens...

Hier wurde im schriftlichen Examen die Formel verändert, aber auch angegeben. Bitte beachtet das Minuszeichen vor dem Logarithmus. Das resultiert daraus, dass der Bruch hier auf den Kopf gestellt wurde und nun innen durch außen geteilt wird. Wenn wir mit unserer Formel rechnen würden, kämen wir auf dasselbe Ergebnis: $E_{ca} = 60\,mV/2\,\lg$ außen/innen, die 2 im Nenner gibt die Wertigkeit z = +2 von Calcium an.

Allgemeine Physiologie

MERKE:
Wenn die Formel umgedreht wird, also

$$\log \frac{Ion_{innen}}{Ion_{außen}}$$

dann muss noch ein Minuszeichen vor die Gleichung. Also:

$$E_x = -60mV \cdot \frac{\log_{innen}}{außen}$$

Das Endergebnis ist dasselbe. Probiert es aus!

MERKE:
Das Gleichgewichtspotenzial von Natrium beträgt +60mV und das von Calcium +120 mV.

Selbst wenn ihr nicht rechnen wollt, könnt ihr damit diese Punkte locker mitnehmen!

1.10 Ruhemembranpotenzial

Das **Ruhemembranpotenzial ist ein Diffusionspotenzial**. Bitte behaltet diesen Satz im nächsten Abschnitt immer im Hinterkopf.
Die Na+/K+-ATPase verteilt Natrium und Kalium auf die verschiedenen Kompartimente (Intra- und Extrazellulärraum). Durch die Natrium- und Kaliumkanäle diffundieren die Ionen zurück und sorgen für die Einstellung des Ruhemembranpotenzials.

Übrigens...
Da die Membran wesentlich leitfähiger für Kalium als für Natrium ist, **liegt das Ruhemembranpotenzial näher am Kaliumgleichgewichtspotenzials bei ungefähr −70 mV**. Grund: Kalium kann mehr die erleichterte Diffusion nutzen (s. 1.7.1, S. 3), da Kaliumkanäle in Ruhe eine wesentlich höhere Leitfähigkeit haben als Natriumkanäle. Wäre die Zellmembran für beide Ionen gut durchlässig, würden beide Ionen gleich gut zurückdiffundieren und sich damit das Ruhemembranpotenzial genau auf der Hälfte der beiden Gleichgewichtspotenziale, bei ungefähr −15 mV - einstellen (Gleichgewichtspotenzial von Kalium = -90 mV und Natrium =+60 mV).

MERKE:
Die Na+/K+-ATPase pumpt mehr Natrium aus der Zelle hinaus als Kalium hinein. Für die Einstellung des Ruhemembranpotenzials ist jedoch NICHT diese Pumpe, sondern die Durchlässigkeit der Membran für die jeweiligen Ionen entscheidend.

DAS BRINGT PUNKTE

Richtig viele Punkte bringen die Ionenverteilungen und -konzentrationen. Daher solltet ihr euch unbedingt merken:
- Natrium intrazellulär = 14 mmol/l, extrazellulär = 140 - 145 mmol/l
- Kalium intrazellulär = 150 mmol/l, extrazellulär = 4 - 5mmol/l
- Calcium intrazellulär = unter 0,001 mmol/l, gesamt = 2,5 mmol/l, FREI UND AKTIV = 1,25 mmol/l

Außerdem könnt ihr noch wertvolle Punkte mitnehmen, wenn ihr wisst, dass

- Transporte und Transporter immer temperaturabhängig sind.
- Calcium in der Zelle die geringste Konzentration hat und das Verhältnis von intra- zu extrazellulär 1:10000 beträgt (was unter 0,001 ist). Nur 1% des Gesamtcalciums befindet sich außerhalb des Knochens und hat dort die Konzentration 2,5 mmol/l. Davon sind 1,25 mmol/l frei und biologisch aktiv, die andere Hälfte ist proteingebunden.
- Kalium in der Zelle am höchsten konzentriert ist (= 150 mmol/l) und primär aktiv ins Zytosol transportiert wird. Insulin fördert die Kaliumaufnahme in die Zelle.
- Natrium die wichtigste extrazelluläre Komponente ist und dort eine Konzentration von ungefähr 140 mmol/l hat. Der kraftvolle Natriumgradient ist der Antrieb für fast alle sekundär aktiven Transporte.
- die Na+/K+-ATPase primär aktiv arbeitet: Sie pumpt zwei Kaliumionen in die Zelle und drei Natriumionen aus der Zelle heraus. Außerdem ist sie durch g-Strophantin hemmbar. Nach ihrer Hemmung sammelt sich intrazellulär Natrium an.
- elektrogener Transport bedeutet, dass eine Ladungsverzerrung beim Transport stattfindet.
- elektroneutraler Transport bedeutet, dass die Ladungen ausgeglichen transportiert werden.
- beim Gleichgewichtspotenzial elektrische und chemische Triebkraft gleich groß, aber entgegengesetzt sind: Die resultierende Triebkraft beträgt daher null. Das Gleichgewichtspotenzial wird mit der Nernstgleichung berechnet und beträgt für Natrium +61mV, für Kalium −90 mV und für Calcium +120 mV.

- das Ruhemembranpotenzial in der Nähe des Kaliumgleichgewichtspotenzials bei -70mV liegt. Es entsteht durch die Rückdiffusion der Ionen und ist abhängig von der Verteilung der Ionenkanäle.
- und wie man das Gleichgewichtspotenzial mit der Nernstgleichung berechnet (s. 1.9.1, S. 11).
- man die Triebkraft berechnet: $E_t = E_m - E_x$, wobei positive Ströme dem Ausstrom von Kationen entsprechen.

BASICS MÜNDLICHE

Was ist das Ruhemembranpotenzial? Wie entsteht es und welchen Wert hat es?
Das Ruhemembranpotenzial ist die Potenzialdifferenz zwischen der Innen- und der Außenseite der Zellmembran. Es ist ein reines Diffusionspotenzial. Die Na^+/K^+-ATPase verteilt die Ionen zwischen intra- und extrazellulär, die dann durch spezifische Kanäle wieder zurückdiffundieren. Je größer die Durchlässigkeit der Membran für die einzelnen Ionen ist, desto größer ist ihr Anteil am Ruhemembranpotenzial.
In der normalen Zelle hat Kalium den größten Einfluss auf das Ruhemembranpotenzial, das bei ungefähr −70 mV liegt (s. 1.9, S. 10).

Was ist ein Gleichgewichtspotenzial? Wie berechnet man es?
Das Gleichgewichtspotenzial gibt für eine bestimmte Ionensorte an, bei welcher Spannung diese Ionen keinen Nettofluss über die Membran hätten. Es kann mit der Nernstgleichung berechnet werden.
Beispiele für Gleichgewichtspotenziale:
- Natrium = +60 mV,
- Kalium = -90 mV,
- Calcium = +120 mV.

Was ist eine Diffusion?
Diffusion ist die Transportform, bei der freibewegliche Teilchen auf Grund ihrer zufälligen thermischen Bewegungen Konzentrationen ausgleichen. D.h., nach einer bestimmten Zeit befinden sich alle Konzentrationen im Gleichgewicht. Die Geschwindigkeit, mit der dieser Zustand eintritt, wird durch das Fick-Diffusionsgesetz beschrieben:

$$dQ/dt = D \times A \times (c1-c2)/d$$

dQ/dt = Netto-Diffusionsrate in mol/s
D = Fick-Diffusionskoeffizient
d = Diffusionsstrecke
A = Membranfläche
c1-c2 = Konzentrationsunterschied Δc

Was ist Osmose?
Osmose ist - wie die Diffusion - eine passive Transportform. Im Unterschied dazu sind hier die Teilchen jedoch nicht freibeweglich, sondern durch eine semipermeable Membran (z.B. Zellmembran) voneinander getrennt. Um die Konzentrationen auszugleichen bewegt sich daher nur das Lösungsmittel, was zur Erhöhung des hydrostatischen Drucks in der höher konzentrierten Lösung führt (s. 1.7.1, S. 3).

Wie kommt eine Hyperkaliämie zustande? Warum ist sie so gefährlich?
Eine Hyperkaliämie kann z.B. bei einer Hämolyse entstehen, da Kalium das höchstkonzentrierte intrazelluläre Ion ist und bei einer Hämolyse Erythrozyten zugrunde gehen, wodurch deren Kalium freigesetzt wird. Weitere Ursache einer Hyperkaliämie kann die gestörte Kaliumausscheidung bei einer Niereninsuffizienz oder einem Hypoaldosteronismus sein. Auch bei akuter Azidose kommt es zur Hyperkaliämie, weil hier der niedrige pH-Wert auf die Na^+/K^+-ATPase wirkt und die Ionenverteilung verändert. Gefährlich ist die Hyperkaliämie, weil sie das Ruhemembranpotenzial in Richtung Depolarisation verschiebt und dies gerade am Herzen zu gefährlichen Rhythmusstörungen bis hin zum Herztod führen kann.

Welche Transportformen kennen Sie?
- aktive (z.B. Transporter) und passive (z.B. Kanäle),
- elektrogene (z.B. Na^+/K^+-ATPase) und elektroneutrale (z.B. Na^+/H^+-Antiport),
- primäre (z.B. H^+-ATPasen), sekundäre (z.B. $Na^+/$Glucose-Symporter) und tertiäre (z.B. Disaccharid/H^+-Symport im Nierentubulus)(s. 1.7.2, S. 5).

APROPOS RUHE-POTENZIAL, WIE WÄRE ES MIT ZEHN MINUTEN RUHE ZUR POTENZIAL-ERNEUERUNG.

2 Wasserhaushalt

Bevor es mit den häufig geprüften Störungen des Wasserhaushalts losgeht, solltet ihr euch kurz die normalen Verhältnisse anschauen und lernen, wie man sie bestimmen kann.

Geht man von der fettfreien Körpermasse aus, so beträgt der normale Wasseranteil des Körpers 73%. Fettgewebe hat einen relativ niedrigen Wassergehalt. Da Frauen im Durchschnitt einen höheren Fettanteil als Männer haben, ist ihr Wasseranteil mit 55% entsprechend geringer als der der Männer mit 65%. Mit zunehmendem Alter nimmt bei beiden Geschlechtern der Wassergehalt des Körpers ab, Falten und Runzeln dagegen zu.

Das Körperwasser verteilt sich auf vier verschiedene Räume:
- die intrazelluläre Flüssigkeit (= in den Zellen),
- die interstitielle Flüssigkeit (= zwischen den Zellen),
- das Plasma (= in den Gefäßen) und
- die transzelluläre Flüssigkeit (= Liquor, Galle, Flüssigkeit in der Augenkammer, den Nierentubuli…).

Übrigens…
Die interstitielle Flüssigkeit und das Plasmavolumen bilden zusammen die Extrazellulärflüssigkeit.

Man kann die Volumina der einzelnen Kompartimente mit Hilfe der **Verdünnungsmethode** berechnen. Dabei wird eine bestimmte Menge einer Substanz injiziert, von der bekannt ist, in welchen Kompartimenten sie sich verteilt. Anschließend wird ihre Konzentration im Plasma gemessen und daraus berechnet, in was für einem Volumen sie sich verteilt haben muss.

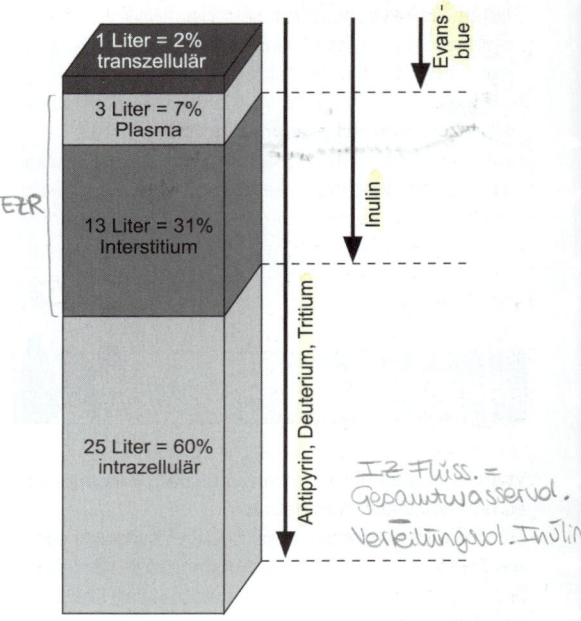

Verteilung unterschiedlicher Indikatorsubstanzen, die für einzelne Kompartimente spezifisch sind:
- Tritium, Deuterium und Antipyrin verteilen sich im Gesamtwasser.
- Inulin verteilt sich nur im Extrazellulärraum.
- Evansblue und markiertes Albumin verlassen die Blutbahn NICHT und geben deshalb Aufschluss über das Plasmavolumen.

Abb. 8: Normale Wasserverteilung im Körper

Übrigens…
Das intrazelluläre Verteilungsvolumen erhält man, indem man vom Gesamtwasservolumen das Verteilungsvolumen von Inulin abzieht.

MERKE:
Formel Indikatorverdünnungsmethode:

$$(V) = \frac{Menge_{in}}{Konz_{plas}}$$

V = Verteilungsvolumen
$Menge_{in}$ = injizierte Stoffmenge
$Konzentration_{plas}$ = gemessene Konzentration im Plasma

Störungen des Wasserhaushalts - Dehydratationen/Hyperhydratationen

Rechenbeispiel aus dem schriftlichen Examen:
Einem 70 kg schweren normalen Probanden wird tritiummarkiertes Wasser mit einer Aktivität von 10000 Bq intravenös appliziert (Halbwertszeit von ^3H = ca. 12 Jahre). Nach zwei Stunden wird die Aktivität des Markers im Plasma bestimmt. Welcher der Messwerte ist hierbei am wahrscheinlichsten zu erwarten?
Die Prüfungskommission setzt hier viel voraus: Sie erwartet, dass man weiß wie viel Gesamtwasser ein 70 kg Mann hat: Das sind ungefähr 40 Liter. Dann muss man noch wissen, dass Tritium sich überall verteilt (^3H = ein Indikator fürs Gesamtwasser) und die Gleichung der Indikatorverdünnungsmethode auswendig kennen, bevor es ans Rechnen geht:
Zunächst muss man die Gleichung
$V = Menge_{in}/Konz_{plas}$ nach der Konzentration auflösen:
$Konz_{plas} = Menge_{in}/V$
Einsetzen der in der Aufgabe genannten Zahlen ergibt:
$Konz_{plas}$ = 10000 Bq/40 l und damit eine Konzentration von 250 Bq/l sowie einen weiteren Physikumspunkt.

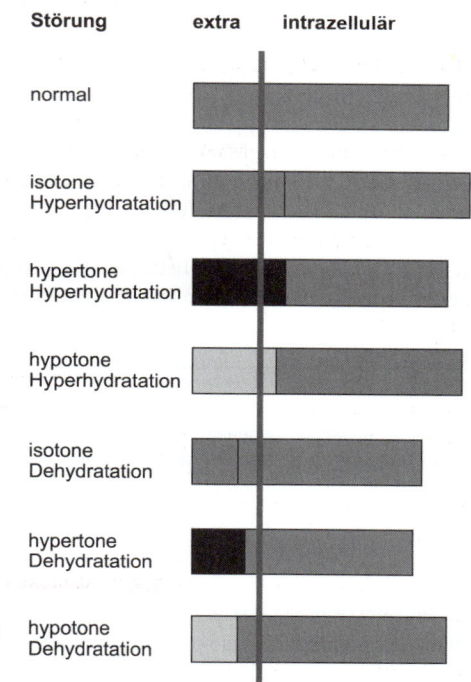

Die Helligkeit gibt die Osmolarität an, die Länge des Balkens zeigt das Maß der Flüssigkeitsverschiebung zwischen Intra- und Extrazellulärraum.

Abb. 9: Störungen des Wasserhaushalts führen zu Flüssigkeitsverschiebungen zwischen Intra- und Extrazellulärraum

2.1 Störungen des Wasserhaushalts - Dehydratationen/Hyperhydratationen

Für das Verständnis dieses Kapitels ist es wichtig, dass euch die Begriffe isoton, hypoton und hyperton klar sind (s. 1.4, S. 2) und ihr beachtet, in welche Richtung die osmotisch wirksamen Teilchen das Wasser ziehen.

MERKE:
- Hyperhydratation = zu viel Wasser im Körper,
- Dehydratation = zu wenig Wasser im Körper und
- die Begriffe iso-, hyper- und hypoton beschreiben den osmotischen Druck im Extrazellulärraum.

Weiter geht es mit den einzelnen Störungen:

2.1.1 Hypotone Dehydratation
Ein Beispiel für eine **hypotone Dehydratation** ist der Hochofenarbeiter, der den ganzen Tag schwitzt und seinen Durst nur mit salzarmem Wasser löscht. **Das Blutplasma/der Extrazellulärraum verliert dadurch seine Salze und wird hypoton.** Dies führt zum **Wassereinstrom in die Zellen** und damit zur **Zellschwellung**. Insgesamt ist durch den Wasserverlust und den Wassereinstrom in die Zellen das **Extrazellulärvolumen vermindert und der Blutdruck erniedrigt**. Wo nichts ist, kann eben auch nichts drücken...

Wasserhaushalt

2.1.2 Hypotone Hyperhydratation

IZR-Volumen ↑

Kann man sich mit Wasser vergiften? Ja, man kann! Gerade niereninsuffiziente Patienten, deren Wasserausscheidung nicht mehr richtig funktioniert, können - wenn sie zuviel Wasser trinken - eine Wasserintoxikation erleiden. Da Wasser gegenüber dem Plasma hypoton ist, nennt man diese Störung **hypotone Hyperhydratation**. Ihre Folgen sind ein vergrößerter Intrazellulärraum und eine Diurese mit viel hypotonem Harn.

> **Übrigens...**
> Es gab amerikanische Collegestudenten, denen Wetttrinken mit Bier zu langweilig war... Sie haben also Wasser gegeneinander getrunken. Folge war eine Wasserintoxikation → Zellschwellung → Hirnödem und einer hat sich wortwörtlich totgesoffen. Völlig vorurteilsfrei: Es waren BWL'er.

2.1.3 Hypertone Hyperhydratation

IZR-Volumen ↓

Das klassische Beispiel, das sowohl mündlich als auch schriftlich sehr beliebt ist: Es handelt von einem Gestrandeten auf einer einsamen Insel, der nur Salzwasser zur Verfügung hat und irgendwann anfängt es zu trinken. Da Meerwasser jedoch eine höhere Osmolarität hat (über 1200 mosmol/l) als die maximale Harnosmolarität (unter 1200 mosmol/l) bleiben im Körper Salze zurück, ganz unabhängig davon wie gut die Niere arbeitet. Auf hypertone Störungen reagiert der **Körper über die Osmorezeptoren im Hypothalamus mit der Ausschüttung von ADH. ADH seinerseits führt zu Durst** (= weiteres Meerwasser wird getrunken) und **zur Antidiurese**. Obwohl der Gestrandete also schon sehr viel Wasser im Körper hat (= Hyperhydratation), führen die hohen Salzkonzentrationen und die damit zusammenhängenden Regulationsmechanismen des Körpers zu einer **weiteren Wasseraufnahme - ein Teufelskreis, der letztendlich zum Tod führt, das aber immerhin auf einer Südseeinsel unter Palmen...**

MERKE:
Eine hypertone Hyperhydratation
- kann resultieren aus der Gabe von hypertonen Infusionen oder dem Trinken von Salzwasser.
- führt zur Abnahme des Intrazellulärraums und zur Zunahme des Extrazellulär- und Plasmavolumens.
- führt zu Durst und Antidiurese (= weniger Urinbildung) und setzt so einen Teufelskreis in Gang über Stimulierung der Osmorezeptoren = ADH-Ausschüttung.
- bewirkt ein Absinken der Aldosteronkonzentration = hypotonen Harn.

2.1.4 Isotone Dehydratation

Wann verliert man isotone Flüssigkeit? Als Beispiel sei hier der blutende verunfallte Motorradfahrer genannt. Blut ist eine isotone Flüssigkeit, deren Verlust zur **Verminderung des Extrazellulärraums** und darüber zur **ADH-Ausschüttung** führt. Dieses Hormon bewirkt eine Flüssigkeitsretention (= Zurückhalten von Flüssigkeit) und eine Erhöhung des Blutdrucks auf Werte, die das Überleben sichern (z.B. 50/50mmHg).

2.2 Filtrationsdruck

Der effektive Filtrationsdruck gibt an, mit welcher Kraft die Flüssigkeit in den Kapillaren oder der Bowman-Kapsel abgepresst/filtriert wird. Er setzt sich aus 3 Komponenten zusammen:
- Dem Blutdruck, der die Flüssigkeit von innen nach außen an die Wand oder durch die Wand presst,
- dem Gewebedruck oder interstitiellen Druck, der von außen auf das Gefäß drückt und dem Blutdruck entgegen wirkt sowie
- dem onkotischen Druck, der im Gefäß herrscht. Der onkotische Druck entsteht durch die Plasmaproteine, die die Gefäße nicht verlassen können und daher Wasser anziehen.

Jede einzelne dieser Komponenten kann gestört sein, was dann zu Ödemen führt (s. 2.3, S. 17). Mathematisch zusammengefasst wird der effektive Filtrationsdruck in der Formel:

$$P_{eff} = P_{hyd} - P_{int} - P_{coll}$$

P_{eff} = effektiver Filtrationsdruck (= resultierender und wirksamer Druck)
P_{hyd} = hydrostatischer Druck (z.B. Blutdruck)
P_{int} = interstitieller Druck/Druck in der Bowman-Kapsel
P_{coll} = kolloidosmotischer Druck (durch Proteine, z.B. Albumin)

> **Übrigens...**
> - Entlang einer Kapillare sinkt der Filtrationsdruck immer weiter ab, da der Blutdruck/hydrostatische Druck immer geringer wird.
> - Ist der hydrostatische Druck genauso groß wie der

interstitielle und der onkotische Druck zusammen, spricht man vom Filtrationsgleichgewicht.

2.3 Ödeme - Störungen des Filtrationsdrucks

Ein Ödem ist eine Wasseransammlung dort, wo sie nicht hingehört, z.B. in Gewebsspalten, der Haut oder den Schleimhäuten. Das Wasser verlässt dabei die Gefäßbahn aus verschiedenen Gründen:

- Eine Abflussbehinderung führt zur Erhöhung des hydrostatischen Drucks in einer Kapillare und verhindert dadurch die Einstellung des Filtrationsgewichts. Als Beispiel sollte man sich die Erhöhung des zentralvenösen Drucks (= venöser Rückstau) merken, wie sie bei der Rechts-Herzinsuffizienz auftreten kann. Die Folge ist eine Erhöhung des effektiven Filtrationsdrucks, wodurch  Wasser ins Gewebe abgepresst wird. Derselbe Mechanismus wäre denkbar, wenn die zuführenden Arteriolen dilatieren und die Durchblutung größer werden würde.
- Auch eine Senkung des onkotischen Drucks bewirkt eine Erhöhung des effektiven Filtrationsdrucks. Diese beruht meist auf einer Senkung der Proteinkonzentration (= Hypoproteinämie) im Blutplasma (hauptsächlich ist dabei an Albumin zu denken...). Mögliche Ursachen dafür sind eine erhöhte Proteindurchlässigkeit der Blutgefäße oder eine zu geringe Proteinzufuhr bei Mangelernährung, das Hungerödem, z.B. afrikanische Kinder mit den großen runden Bäuchen. Auch wenn die Leber nicht genug Proteine bildet, kommt es zur Hypoproteinämie.
- Kapillar- oder Lymphgefäßschäden, wie z.B. ein Lymphstau durch Verödung von Lymphgefäßen können auch zu Ödemen führen. Bei Krebsoperationen ist dies ein häufiges Problem. Die ableitenden Lymphwege werden dabei zusammen mit dem Tumor entfernt, weil sie ein beliebter Metastasierungsweg sind. Ein unangenehmes Lymphödem kann die Folge sein. Das in Abbildung 10 dargestellte Lymphödem beruht dagegen auf einer Krankheit (= Elephantiasis), bei der Erreger die Lymphgefäße verstopfen und so den Abfluss der Lymphe behindern.
- Im Rahmen einer allergischen Reaktion, z.B. nach einem Insektenstich, bildet sich durch

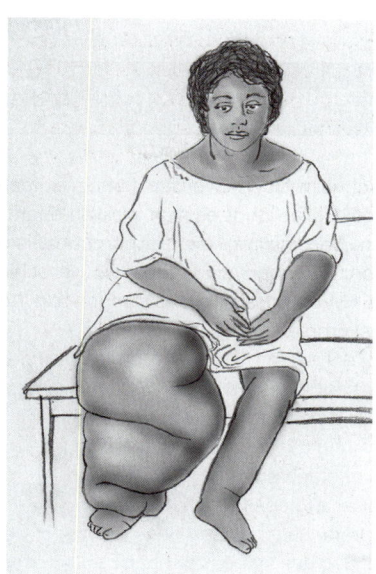

Abb. 10: Elephantiasis

Histaminausschüttung ein Ödem, das ernst zunehmende Ausmaße annehmen kann.

MERKE:
Ödeme entstehen durch
- Erhöhung des hydrostatischen Drucks in den Kapillaren (= dilatierte Arteriolen),
- Abflussbehinderung durch Erhöhung des zentralvenösen Drucks,
- Senkung des onkotischen Drucks durch Hypoproteinämie oder erhöhte Proteindurchlässigkeit der Kapillaren,
- Histaminausschüttung (z.B. Insektenstich) und
- Blockierung des Lymphabflusses (z.B. Elephantiasis).

Übrigens...

Explodierende Frösche in Schweden! Diese Schlagzeile hat in einer kleinen schwedischen Zeitung für Aufsehen gesorgt. Wie können Frösche einfach so explodieren? Schuld daran waren Krähen, die den Fröschen die Leber herauspickten, woraufhin die Frösche mit Wasser voll liefen und platzten. Den Grund dafür werdet ihr jetzt sicher kennen: Ohne die Leber ist keine Proteinbildung möglich und ein Ödem auf Grund einer Hypoproteinämie die Folge - in diesem Fall sogar ein echt explosives... Ob das wirklich die Ursache war, weiß man zwar nicht, als Eselsbrücke taugt diese Geschichte jedoch allemal.

DAS BRINGT PUNKTE

Zum Stichwort Ödem werden häufig einfache Fragen gestellt. Hier lohnt es sich wirklich auch für den späteren Berufsalltag die Pathomechanismen zu verstehen. Daneben sind auch die verschiedenen De- und Hyperhydratationsstörungen ein beliebter Prüfungskomplex.

- Ödeme entstehen bei einem Ungleichgewicht des Filtrationsdrucks und des Filtrationsgleichgewichts am Ende einer Kapillare. Dies kann durch
  - Erhöhung des zentralvenösen Drucks,
  - Senkung des onkotischen Drucks,
  - Blockierung des Lymphabflusses,
  - Histaminausschüttung oder
  - Erhöhung des hydrostatischen Drucks geschehen.
- Der effektive Filtrationsdruck setzt sich aus dem hydrostatischen Druck minus dem interstitiellen und dem onkotischen Druck zusammen. Formel: $P_{eff} = P_{hyd} - P_{int} - P_{coll}$.
- Die hypertone Hyperhydratation entsteht beim Trinken von Salzwasser und führt über die ADH-Ausschüttung zu Durst und Antidiurese.
- Die hypotone Dehydratation entsteht durch starkes Schwitzen und Trinken von salzarmen Wasser. Das Plasma wird hypoton, was zur Zellschwellung führt. Außerdem sind dabei das Extrazellulärvolumen und der Blutdruck vermindert.
- Die Körperkompartimente berechnet man über die Indikatorverdünnungsmethode:
  Verteilungsvolumen = Menge$_{injiziert}$ / Konzentration$_{Plasma}$

BASICS MÜNDLICHE

Wie berechnet man das Volumen der verschiedenen Körperkompartimente?
Mit der Indikatorverdünnungsmethode: Spezielle Substanzen verteilen sich in bestimmten Körperkompartimenten. Wenn man diese in bekannter Menge in die Blutbahn injiziert und nach einer gewissen Zeit deren Konzentration im Blutplasma bestimmt, lässt sich auf das Volumen zurückrechnen, in dem sich der Indikator verteilt haben muss (s. 2.1, S. 15).

Welche Störungen des Wasserhaushalts kennen Sie?
Unterschieden werden Dehydratationen und Hyperhydratation. Diese Störungen kann man noch weiter in isotone, hypertone und hypotone De-/Hyperhydratationen unterteilen (Details dazu s. 2.1, S. 15).

Sie stranden auf einer einsamen Insel. Warum sollten sie auf keinen Fall Meerwasser trinken?
Weil das Meerwasser eine höhere Osmolarität als die maximale Harnkonzentration hat. Das Trinken von Salzwasser setzt Regulationsmechanismen in Gang, die zu einem Teufelskreislauf führen: Durch ADH-Ausschüttung wird dabei ständig Durst erzeugt und gleichzeitig Wasser in der Niere zurückgehalten. Dies führt zur hypertonen Hyperhydratation mit vergrößertem Plasmavolumen und erhöhter Plasmaosmolarität.

Nennen Sie mir bitte einige Regelmechanismen des Wasserhaushalts.
- ADH führt zur Wasserretention, die Sekretionsreize für dieses Hormon sind eine erhöhte Plasmaosmolarität und ein niedriges Plasmavolumen.
- ANF als Gegenspieler des ADH führt zur Wasserausscheidung.

Was ist der Filtrationsdruck? Aus welchen Komponenten setzt er sich zusammen?
Der Filtrationsdruck gibt an, mit welcher Kraft eine Flüssigkeit aus einer Kapillare abgepresst wird. Er setzt sich zusammen aus dem hydrostatischen Druck (= lokalem Blutdruck) minus dem interstitiellen Druck und dem onkotischen Druck.

Was ist ein Filtrationsgleichgewicht?
Das Filtrationsgleichgewicht herrscht am Ende einer Kapillare, dort, wo nichts mehr abfiltriert wird. Es stellt sich ein, wenn der hydrostatische Druck im Gefäß gleich der Summe aus interstitiellem und onkotischem Druck ist.

Wie entstehen Ödeme? Nennen Sie mir bitte die zugrunde liegenden Pathomechanismen.
Ödeme entstehen durch Störungen des Filtrationsgleichgewichts. Dabei wird entweder zu viel Flüssigkeit in das Interstitium abgepresst oder zu wenig zurück resorbiert (Details s. 2.3, S. 17).

ZEIT UM DEN WASSERHAUSHALT AUFZUFÜLLEN. ODER WASSER WEGZUBRINGEN. ABER PASST AUF DIE KRÄHEN AUF...

Damit Medizinstudenten eine sichere Zukunft haben
Kompetente Beratung von Anfang an

Bereits während Ihres Studiums begleiten wir Sie und helfen Ihnen, die Weichen für Ihre Zukunft richtig zu stellen. Unsere Services, Beratung und Produktlösungen sind speziell auf Ihre Belange als künftige(r) Ärztin/Arzt ausgerichtet:

- PJ-Infotreff
- Bewerber-Workshop
- Versicherungsschutz bei Ausbildung im Ausland
- Karriereplanung
- Finanzplanung für Heilberufe – zertifiziert durch den Hartmannbund

Zudem bieten wir Mitgliedern von Hartmannbund, Marburger Bund, Deutschem Hausärzteverband und Freiem Verband Deutscher Zahnärzte zahlreiche Sonderkonditionen.

Interessiert? Dann informieren Sie sich jetzt!
Bitte nutzen Sie unsere VIP-Faxantwort auf der Rückseite dieser Anzeige.

Deutsche Ärzte Finanz
Beratungs- und Vermittlungs-AG
Colonia Allee 10–20 · 51067 Köln
Telefon: 02 21/1 48-3 23 23
Telefax: 02 21/1 48-2 14 42
E-Mail: service@aerzte-finanz.de
www.aerzte-finanz.de

VIP-Faxantwort

Fax-Hotline: 02 21/1 48-2 14 42

Informieren Sie mich bitte zu den folgenden Themen:

☐ **Versicherungsschutz für Auslandsaufenthalte**
  ☐ Länderinformationen für Auslandsaufenthalte. Land: _____

☐ **Absicherung bei Berufsunfähigkeit**

☐ **Haftpflichtversicherung**
  ☐ Vorklinik   ☐ Klinik   ☐ Famulatur

☐ **Seminarangebote rund um Prüfungsvorbereitung, Bewerbung und Karriere**

☐ **Sonstiges:** _____

Name/Vorname   Straße/Ort

Telefon   Fax

E-Mail   Universität   Semester

Ich wünsche eine persönliche Beratung. Bitte melden Sie sich zwecks Terminvereinbarung am günstigsten in der Zeit von _____ Uhr bis _____ Uhr unter der vorgenannten Rufnummer.

Datum   Unterschrift

Deutsche Ärzte Finanz
Beratungs- und Vermittlungs-AG
Colonia Allee 10–20 · 51067 Köln
Telefon: 02 21/1 48-3 23 23
Telefax: 02 21/1 48-2 14 42
E-Mail: service@aerzte-finanz.de
www.aerzte-finanz.de

3 Niere

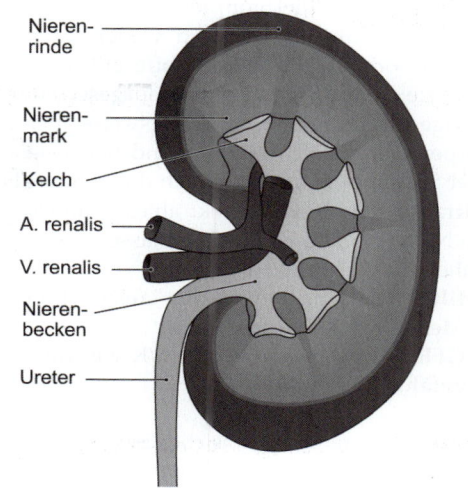

Abb. 11: Übersicht der Niere

Die Niere ist ein sehr wichtiges Organ für den menschlichen Körper, was schon das Sprichwort „das geht mir an die Nieren" ausdrückt. Trotz der Tatsache, dass man auch mit einer der paarig angelegten Nieren zurecht kommen könnte, sind Störungen der Nierenfunktion in vielen Fällen schwerwiegend und lebensbedrohlich. Am Anfang dieses Kapitels betrachten wir kurz die Funktionen der Niere, die für eine mündliche Prüfung („Was können sie mir über die Niere erzählen?"...) immer einen dankbaren Einstieg liefern und dem Prüfer zeigen, dass man eine gewisse Übersicht hat. Weiter geht es mit der Autoregulation sowie den gefürchteten Begriffen Clearance und glomeruläre Filtrationsrate (GFR), gefolgt von einem Abstecher zur Filtrationsfraktion und dem renalen Plasma- und Blutfluss.

Im anschließenden Kapitel Rückresorption, das etwas länger ist, lässt sich mit ein wenig Verständnis viel Lernerei einsparen und man kann sich daher rein aufs Punkteernten konzentrieren - versprochen! Den Abschluss bilden die gern gefragten Nierenhormone, mit denen man sich auch noch den ein oder anderen einfachen Punkt sichern kann. Zum Anfang macht euch bitte kurz nochmal die Anatomie der Niere klar (s. Abb. 11).

3.1 Funktionen der Niere

Das Prinzip der Niere besteht darin, große Mengen an Blutplasma mit den darin gelösten kleinmolekularen Substanzen zu filtrieren. Je nach Substanz und Bedarf werden diese zurück resorbiert und dem Körper wieder zur Verfügung gestellt oder ausgeschieden/eliminert.

Die **Niere steuert den Wasser- und Elektrolythaushalt** und ist in dieser Funktion für die Größe des **Extrazellulärvolumens** und die Konstanz der **Ionenkonzentrationen** verantwortlich.

In den **Säure-Basen-Haushalt** kann sie über die Sekretion oder Resorption von alkalischen und sauren Valenzen (= Substanzen) regulierend eingreifen.

Eine weitere wichtige Funktion der Nieren ist die **Ausscheidung von Stoffwechselendprodukten** (z.B. Harnstoff, Harnsäure, Kreatinin...) und giftigen Substanzen (z.B. Medikamente oder deren Metaboliten).

Über den **Renin-Angiotensin-Aldosteron-Regelmechanismus** kontrolliert die Niere den **Blutdruck**.

Und zu guter Letzt **produziert sie auch noch Hormone** für die Blutbildung (= Erythropoetin) und den Calciumstoffwechsel (= Calcitriol).

3.2 Autoregulation der Durchblutung

Für eine konstante Filtrationsleistung ist es wichtig, in den Glomerulumschlingen immer den gleichen Blutdruck zu haben. Damit die Niere unabhängig von den Blutdruckschwankungen des Körperkreislaufs ist, reguliert sie ihre Blutzufuhr größtenteils selbst, was man als Autoregulation bezeichnet. Im Bereich des normalen Blutdrucks (= 80 - 160 mmHg) schafft es die Niere einen fast konstanten Blutdruck im Glomerulum aufrecht zu erhalten. Diesen Effekt nennt man **Baylisseffekt**. Durch den Baylisseffekt ist die **glomeruläre Filtrationsrate (= GFR) fast unabhängig vom Blutdruck.** Wie funktioniert das? **Eine Erhöhung des systemischen Blutdrucks führt zu einer Erhöhung des renalen Gefäßwiderstands** (s. Abb. 12, S. 22). Dadurch drosselt die Niere die Blutzufuhr und filtriert weiterhin das Volumen.

22 | Niere

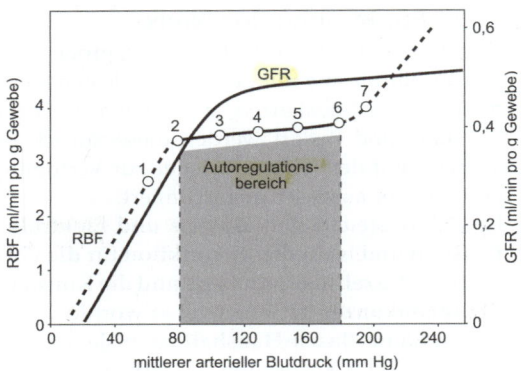

Abb. 12: Autoregulation – Im Bereich von 80 - 160 mmHg bleibt die GFR fast konstant

RBF = renaler Blutfluss

Übrigens...
Leider funktioniert dieses Prinzip der Autoregulation im **Nierenmark** nicht so gut. Daher bewirkt dort ein stark erhöhter Blutdruck eine **Druckdiurese**. Durch die vermehrte Nierenmarkdurchblutung verliert die Niere außerdem die Fähigkeit den Harn stark zu konzentrieren.

3.3 Clearance

Die Clearance ist das Blutplasmavolumen, das in einer bestimmten Zeit von einem bestimmten Stoff befreit (engl. = clear) wird. Sie enthält drei Variablen:
- den Stoff,
- die Zeit und
- das Volumen.

MERKE:
Die Clearance gilt immer nur für einen Stoff (= Kaliumclearance, Inulinclearance...) und hat die Einheit ml/min. Sie kann mit folgender Formel berechnet werden:

$$\text{Clearance C in ml/min} = \frac{\text{Volumen pro Zeit V} \times \text{Stoffkonzentration Urin}}{\text{Plasmakonzentration des Stoffes}}$$

Die Clearance ist ein sehr sensibler Indikator für Störungen der Nierenfunktion. Sie ist mit bestimmten Substanzen messbar und gibt Auskunft darüber, ob die Niere noch richtig filtriert und funktioniert: Die Clearance kann größer, kleiner oder gleich der GFR

sein, je nachdem ob ein Stoff sezerniert, resorbiert oder ohne Modifikation ausgeschieden wird.
Einige Substanzen werden filtriert ausgeschieden, ohne dass die Stoffmenge sich verändert, d.h. im Tubulusverlauf wird weder sezerniert noch resorbiert. Für diese Stoffe gilt, dass die filtrierte Menge gleich der ausgeschiedenen Menge ist. Inulin und näherungsweise auch der körpereigene Stoff Kreatinin sind Beispiele solcher Substanzen, an denen sich die **glomeruläre Filtrationsrate (GFR)** direkt ablesen und somit die Nierenfunktion bestimmen lässt.
Daher gilt für Inulin + Kreatinin:
- **filtrierte Menge pro Zeit = ausgeschiedene Menge pro Zeit und**
- **GFR = Clearance von Inulin/Kreatinin = ungefähr 125 ml/min.**

An der Clearance lässt sich ablesen, was mit einem Stoff in der Niere passiert: Wichtige Stoffe (z.B. Glucose als Energieträger und Aminosäuren als Bausteine) werden stark rückresorbiert, d.h. ihre Clearance ist sehr klein (bei Glucose normalerweise). Giftige Substanzen oder Stoffwechselendprodukte sollen ausgeschieden werden, d.h. ihre Clearance sollte sehr groß sein. Damit man den Körper nicht immer vergiften muss, um die Sekretionsleistung (= große Clearance) zu messen, gibt es zum Glück den ungiftigen exogenen (von außen zugeführten) Stoff PAH (= Paraaminohippurat).

Übrigens...
Auch viele Medikamente haben eine große Clearance und werden zum großen Teil über die Niere ausgeschieden, Beispiele sind das Antibiotikum Penicillin G und das Herzglykosid Digoxin. Deshalb bleiben bei Nierenkranken manche Medikamente länger im Körper und wirken länger, weil sie nicht eliminiert werden. Wichtig für die Praxis.

Merken solltet ihr euch das Clearanceverhalten unter Normalbedingungen folgender Stoffe:
- Inulin hat eine Clearance von 125 ml/min, was auch gleichzeitig der GFR einspricht.
- Die Glucoseclearance beträgt normalerweise 0 ml/min, was bedeutet, dass Glucose fast vollständig rückresorbiert und beim Gesunden nicht ausgeschieden wird.
- Genauso verhält es sich mit Aminosäuren, auch hier beträgt die Clearance unter Normalbedingungen 0 ml/min.

- Harnstoff - ein Stoffwechselendprodukt aus dem Stickstoffstoffwechsel - hat eine Clearance von 75 ml/min. Dieser Clearancewert ist kleiner als die 125 ml/min von Inulin. Das lässt darauf schließen, dass in der Endabrechnung netto rückresorbiert wird. Das Verhalten von Harnstoff in der Niere ist ein zweischneidiges Schwert, auf der einen Seite möchte der Körper das Stoffwechselendprodukt über die Niere eliminieren, auf der anderen Seite wird Harnstoff für die Aufrechterhaltung des osmotischen Gradienten im Nierenmark (s. 3.8.3, S. 34) gebraucht. Deshalb ist die Clearance kleiner als die von Inulin, aber immer noch groß genug, um genügend Harnstoff aus dem Körper zu eliminieren.
- PAH (= Paraaminohippurat) wird zusätzlich zur freien Filtration noch im Tubulusverlauf sezerniert und hat deshalb mit 650 ml/min eine größere Clearance als Inulin. Da alles PAH, das mit dem Blutplasma durch die Arteria renalis in die Niere fließt, entweder direkt filtriert oder im weiteren Verlauf in den Tubulus sezerniert wird, ist die PAH-Clearance ein Maß für den renalen Plasmafluss.

Übrigens...
- Steigt die Plasmakonzentration einer nierenpflichtigen Substanz an, weil diese nicht mehr über die beschädigte Niere ausgeschieden werden kann, dann fällt die Clearance für diesen Stoff stark ab.
- Die glomeruläre Filtrationsrate (= GFR) gibt an, wie viel Volumen pro Zeit durch die Nieren filtriert wird, das Harnzeitvolumen gibt an, was unten herauskommt.

Häufig wird die Clearance anhand von Ausscheidungs-/Resorptionskurven abgefragt. Bitte versucht bei solchen Aufgaben logisch nachzuvollziehen, warum welcher Kurvenverlauf zustande kommt:
- **Die Inulin- und Kreatininausscheidung** sind linear, da die Stoffe weder sezerniert noch resorbiert werden. Alles, was filtriert wird, verlässt auch den Körper. **Verdoppelt sich die Plasmakonzentration, verdoppelt sich daher auch die Ausscheidung.**

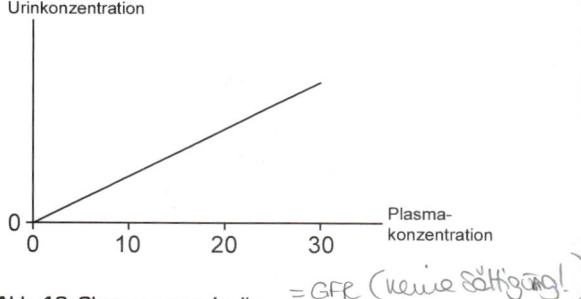

Abb. 13: Clearance von Inulin

- PAH (s. a. Abb. 16, S. 24) wird im Tubulussystem sezerniert. Sollte dieses System maximal ausgelastet sein (= Kurvenknick), lässt sich die Sekretion auch mit höheren Plasmakonzentrationen nicht mehr steigern. Die Ausscheidung steigt dann (= nach dem Kurvenknick) nur noch linear an und hängt nur noch von der Plasmakonzentration ab.

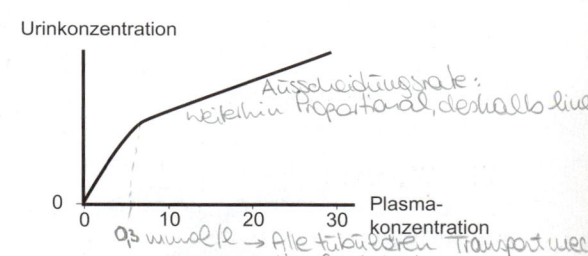

Abb. 14: Clearance von PAH

- Glucose (s. Abb. 15, S. 24) ist das beliebteste Beispiel für einen filtrierten Stoff, der unter Normalbedingungen vollständig rückresorbiert wird. Ihre Clearance unter Normalbedingung ist daher gleich 0. Der Schwellenwert beträgt 10 mmol/l = 180 mg/dl.

Übrigens...
Eine Erhöhung der Plasmakonzentration von Glucose führt zu einer erhöhten Filtrationsmenge. Dies bewirkt solange eine Steigerung der Rückresorption, bis die Transporter gesättigt sind und Glucose mit dem Harn ausgeschieden wird. Achtet daher bitte im Examen darauf, ob nach der Ausscheidung oder der Resorption von Glucose gefragt wird.

Niere

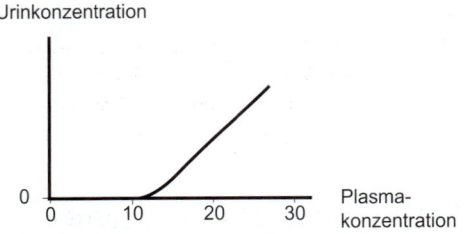

Abb. 15: Clearance von Glucose

MERKE:

zum Inulin
- Inulin wird frei filtriert, nicht resorbiert, nicht sezerniert.
- filtrierte Menge = ausgeschiedene Menge
- Dient zur Bestimmung der GFR.

Der endogene Stoff Kreatinin aus dem Muskelstoffwechsel hat dem Inulin sehr ähnliche Eigenschaften, wird allerdings minimal sezerniert. Für den normalen Klinikalltag ist dies jedoch vernachlässigbar, und Kreatinin der üblicherweise verwendete Indikator zur Überprüfung der Nierenfunktion.

zum PAH
- PAH wird frei filtriert, nicht resorbiert, fast vollständig sezerniert.
- Dient zur Bestimmung des renalen Plasmaflusses und indirekt auch zur Bestimmung des renalen Blutflusses (s. 3.4, S. 25).
- Die Clearance von PAH kann maximal so hoch sein wie der renale Plasmafluss.

zur Glucose
- Glucose wird unter normalen Bedingungen (bis zum Schwellenwert) frei filtriert, fast komplett resorbiert, nicht sezerniert.
- Bei normalen Glucose-Plasmakonzentrationen ist die Glucoseclearance gleich 0 ml/min.

Henle-Schleife: isotoner Harn absteigender Teil: H₂O diffundiert ins Interstitium weil dort hohe Osmolalität aufsteigender Schenkel: NaCl aktiv ins Interstitium, H₂O kann nicht folgen. Nach der Henle-Schleife ist der Harn hypoton. Dist. Tubulus: isoton (ADH)

3.3.1 Clearancequotient

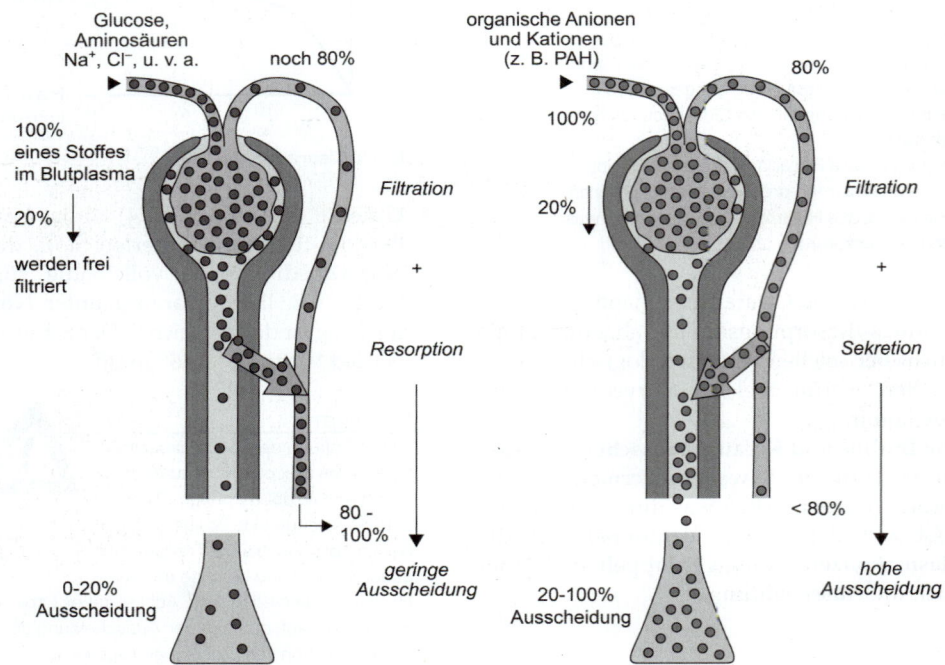

Abb. 16: Die Clearance wird bestimmt durch Sekretion und Rückresorption

Der Clearancequotient gibt an, wie sich die Clearance einer Substanz zur Clearance von Inulin verhält. Aus dem Quotienten lässt sich das Verhalten des Stoffes in der Niere ablesen:
- **Clearancequotient = 0** bedeutet, dass die Substanz entweder gar nicht filtriert wird oder vollständig aus dem Primärharn resorbiert wird. Beispiele: große Proteine und **Glucose**.
- **Clearancequotient < 1** bedeutet, dass die Substanz netto resorbiert wird. Beispiel: **Natrium**.
- **Clearancequotient = 1** bedeutet, dass die Substanz **netto** weder resorbiert noch sezerniert wird und genauso viel ausgeschieden wird, wie filtriert wurde. Beispiele: **Inulin und Kreatinin**.
- **Clearancequotient > 1** bedeutet, dass die Substanz zusätzlich noch sezerniert wird. Von ihr wird also mehr ausgeschieden als durch den Bowmanfilter abgepresst wurde. Beispiel: PAH, das vollständig aus dem Plasma, das durch die Niere fließt, entfernt wird. An der **Clearance von PAH lässt sich daher der renale Plasmafluss ablesen**.

MERKE:
Die Glomeruläre Filtrationsrate ist das Flüssigkeitsvolumen, das pro Minute durch den Bowmanfilter filtriert wird. Im Normalfall sind das 120 ml/min, was ungefähr 180 Litern pro Tag entspricht.

3.4 Glomeruläre Filtrationsrate – GFR

Die GFR lässt sich aufgrund der Eigenschaften von Inulin und Kreatinin aus deren Clearance ermitteln (s. 3.3, S. 22).
Zur Berechnung der Inulin- und Kreatininclearance/GFR benötigt man:
- die Inulinkonzentration im Blut
- die Inulinkonzentration im Urin
- das Urinzeitvolumen

→ GFR ist ~ 1/5 des renalen Plasmaflusses
→ Bei chronischer Verminderung der GFR auf 10% der Norm: Inulin + Kreatin-Clearance auch nur noch 10% (ca. 12 ml/min). Kreatinin-Konz. im Plasma steigt pH wird niedriger

$\dot{V}_U$ = Urinzeitvolumen
U_{in} = Inulinkonzentration im Urin
P_{in} = Inulinkonzentration im Plasma

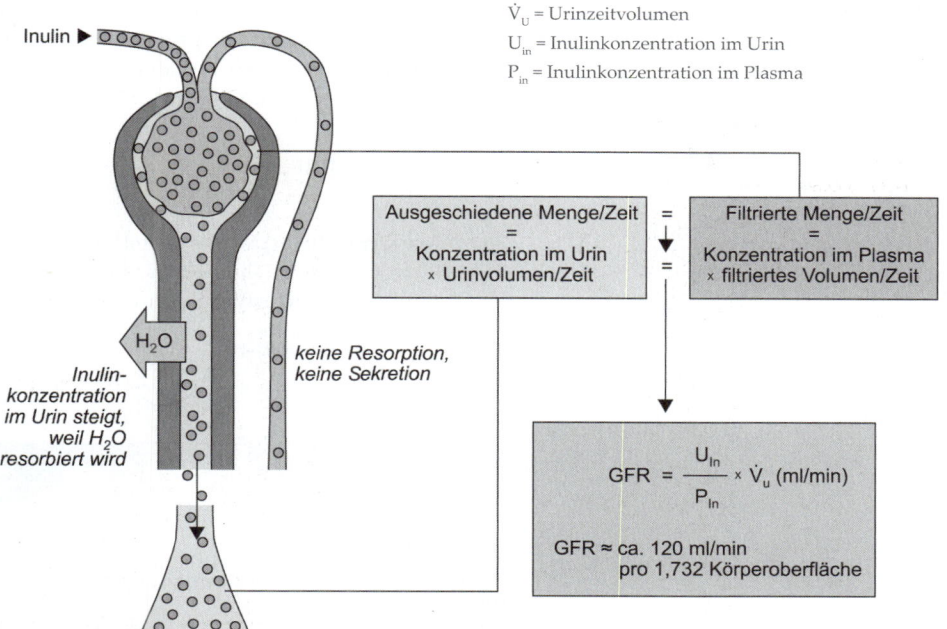

Abb. 17: Aus der Inulin-Clearance lässt sich die GFR berechnen

Rechenbeispiel:
Frage: Die glomeruläre Filtrationsrate eines Probanden betrage 100ml/min, die Plasmakonzentration von Inulin 0,1g/l und die Urinkonzentration von Inulin 2g/l. Wie groß ist das Harnzeitvolumen in ml/min?
benötigte Formel:

$$GFR = \frac{\dot{V}_U \times U_{in}}{P_{in}}$$

$\dot{V}_U$ = Urinzeitvolumen
U_{in} = Inulinkonzentration im Urin
P_{in} = Inulinkonzentration im Plasma

Umstellen der Formel:

$$\dot{V}_U = \frac{GFR \times P_{in}}{U_{in}}$$

Einsetzen der Werte:

$$\frac{100 \text{ml/min} \times 0{,}1 \text{ g/l}}{2 \text{ g/l}} = 5 \text{ml/min}$$

Solche Rechnungen kommen im schriftlichen Examen relativ häufig vor. Wenn ihr die Grundformel kennt, müsst ihr nur noch nach der gefragten Variablen auflösen und die Zahlenwerte einsetzen. Das klingt übrigens nicht nur einfach, sondern ist es auch!

Übrigens...
Ist die Plasmakreatininkonzentration um das 5fache der Norm erhöht, so ist die GFR vermindert, und Kreatinin sammelt sich im Blut an, da es nicht mehr richtig ausgeschieden werden kann (Indikator für eine Niereninsuffizienz).

3.5 Renaler Plasmafluss – RPF

Der renale Plasmafluss gibt an, wie viel Plasma pro Minute durch die Niere fließt. Bestimmt wird der renale Plasmafluss durch die PAH-Clearance (s. 3.3, S. 22). Da das ganze PAH, das mit dem Plasma durch die Niere fließt, fast vollständig sezerniert wird, kann man daraus - wenn die **Konzentration von PAH im Plasma, im Urin und das Urinzeitvolumen bekannt sind** - den **renalen Plasmafluss berechnen. Normal sind 600–650 ml/min.**

3.6 Renaler Blutfluss – RBF

Die Niere ist das Organ mit **der höchsten Ruhedurchblutung** (bezogen auf ein Gramm Organgewebe). Ungefähr 20% des Herzzeitvolumens fließen in Ruhe direkt durch die Niere, was ungefähr **1 Liter Blut** entspricht. Den renalen Blutfluss berechnet man aus dem renalen Plasmafluss und dem Hämatokrit:

$$RBF = \frac{RPF}{(1-Hkt)}$$

Der Term (1-Hkt) ist der Anteil des Plasmas am Blutvolumen, da hierdurch die festen Blutbestandteile heraus subtrahiert werden.

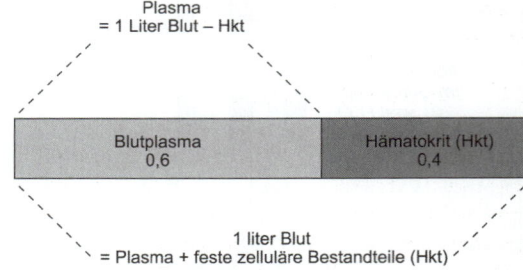

Mit diesem kleinen Schema lässt sich vielleicht verstehen, warum man von 1 den Hämatokrit abzieht. Nach Adam Riese bleibt so der Anteil des Plasmas am gesamten Blut (= 1) übrig.

Abb. 18: Was bedeutet (1-Hkt)?

MERKE:
Zur Berechnung des renalen Blutflusses (= RBF) braucht man den Hämatokrit (= Hkt) und den renalen Plasmafluss (= PAH-Clearance).

3.7 Filtrationsfraktion - FF

Die Filtrationsfraktion ist der Teil des renalen Plasmaflusses, der filtriert wird. Erstaunlich, aber wahr ist, dass nur ein Fünftel des Plasmas, das durch die Niere fließt, überhaupt durch das Tubulussystem geleitet und damit filtriert wird! Folglich können auch nur aus diesem Fünftel Kreatinin und Inulin komplett entfernt werden. 4/5 des Kreatinins verlassen daher wieder die Niere über die Nierenvene und nur 1/5 tritt den Weg in Richtung Blase an. Oder anders formuliert: **Die Plasmakonzentration von Kreatinin in der Nierenvene ist um ca. 20% geringer als in der Nierenarterie.**

MERKE:
- Normalwert der Filtrationsfraktion = 20% = 1 Fünftel = 0,2.
- Zur Berechnung der Filtrationsfraktion braucht man die Plasma- und Urinkonzentration von Kreatinin/Inulin sowie die des PAH. Also alle Komponenten, aus denen sich die GFR und der RPF berechnen:

$$FF = \frac{GFR}{RPF}$$

- Die Plasmakonzentration von Kreatinin in der Nierenvene ist um ca. 20% geringer als in der Nierenarterie.

3.7.1 Fraktionelle Ausscheidung

Als fraktionelle Ausscheidung eines Stoffes bezeichnet man den Anteil, der in der Niere **filtriert UND ausgeschieden** wird. An der fraktionellen Ausscheidung lässt sich das Verhalten der verschiedenen Stoffe in der Niere ablesen.
In den folgenden Abschnitten werden die fraktionellen Ausscheidungen derjenigen Substanzen besprochen, die schon im schriftlichen Examen gefragt wurden.

Resp.: $FF = \frac{Cl_{Kreatinin}}{Cl_{PAH}} = \dot{V}_{Urin} \cdot \frac{\left[\frac{K_{Urin}}{K_{Pl}}\right]}{\left[\frac{PAH_{Urin}}{PAH_{Pl}}\right]}$

Fraktionelle Wasserausscheidung

Die fraktionelle Wasserausscheidung ist sehr gering. Der größte Teil des filtrierten Wassers wird rückresorbiert (= 99%) und nur 1% wird tatsächlich ausgeschieden. Das entspricht einer Wasserausscheidung von 1,5-2 Litern der 180 filtrierten Liter Flüssigkeit pro Tag.

Fraktionelle Calciumausscheidung

Der Calciumhaushalt wird hauptsächlich über die Calciumaufnahme im Darm reguliert. Wichtigstes Hormon hierfür ist das **Calcitriol**. Daneben steuert aber auch die Niere mit ihrer Calciumausscheidung zum Calciumhaushalt bei. Steuerhormon hierfür ist das **Parathormon**.
Ein bestimmter Anteil des Plasmacalciums gelangt mit dem Primärfiltrat ins Tubulussystem. Je nachdem, wie viel die Niere rückresorbiert, kann die Niere so Calcium sparen oder eliminieren (= ausscheiden). Je mehr die Niere ausscheidet, desto höher ist die fraktionelle Calciumausscheidung.

> Übrigens...
> Die fraktionelle Ausscheidung von Calcium steigt bei der Gabe von Schleifendiuretika und sinkt bei erhöhtem Parathormonspiegel.

MERKE:
Parathormon stellt Calcium parat und fördert deshalb dessen Rückresorption.

Gleichzeitig führt das **Parathormon** dazu, dass **mehr Phosphat ausgeschieden** wird und damit dessen fraktionelle Ausscheidung steigt. Der gleichzeitige Anstieg der Phosphatausscheidung ist auch sinnvoll, da Phosphat im Körper mit dem Calcium Komplexe bildet. Ist also weniger Phosphat im Körper vorhanden, steht dem Körper mehr freies und aktives Calcium zur Verfügung.

DAS BRINGT PUNKTE

Folgendes sollte man sich merken, um weitere Punkte auf dem Physikumskonto zu verbuchen.
- In Ruhe hat die Niere die höchste Organdurchblutung = ca 20% des Herzzeitvolumens.
- Der Baylisseffekt besagt, dass die GFR durch die

- Autoregulation der Niere im Bereich von 80-180 mmHg vom Blutdruck fast unabhängig ist.
- Im Nierenmark funktioniert die Autoregulation schlechter. Daher kommt es bei erhöhtem Blutdruck zur Druckdiurese.
- Die Clearance ist das Blutplasmavolumen, das in einer bestimmten Zeit von einem bestimmten Stoff befreit wird.
- Die GFR ist das Volumen, das pro Minute filtriert wird und kann über die Inulinclearance berechnet werden. Normal = 120 ml/min.
- Die Formel für die GFR-Berechnung lautet:

$$GFR = \frac{\dot{V}_U \times U_{in}}{P_{in}}$$

- Inulin wird frei filtriert, NICHT resorbiert und NICHT sezerniert.
- Kreatinin hat fast dieselben Eigenschaften wie Inulin.
- Glucose wird frei filtriert, fast komplett resorbiert und unter normalen Bedingungen NICHT sezerniert.
- PAH wird frei filtriert, NICHT resorbiert und komplett sezerniert.
- Der renale Plasmafluss beträgt normalerweise 600 ml/min und kann mit der PAH-Clearance berechnet werden.
- Der renale Blutfluss (ungefähr ein Liter) berechnet sich so:

$$RBF = \frac{RPF}{(1-Hkt)}$$

- Die normale Filtrationsfraktion beträgt ein Fünftel = 20%.
- Die fraktionelle Ausscheidung von Calcium und Magnesium steigt bei Gabe von Schleifendiuretika.

BASICS MÜNDLICHE

Wie wirken Diuretika? Beispiel Furosemid.
Die meisten Diuretika wirken auf die Salzresorption, da es ohne Salzresorption auch keine Wasserrückresorption gibt. Furosemid wirkt hemmend auf den Na^+-K^+-$2Cl^-$-Transporter. Das führt zu einem geringeren transepithelialen Potenzial, einem geringeren osmotischen Gradienten im Nierenmark und einem K^+-Verlust.

Was ist die Clearance? Wie und mit welchen Substanzen wird sie bestimmt?
Die Clearance hat die Einheit Volumen pro Zeit (ml/min), sie gibt an, welche Menge Blutplasma in einer bestimmten Zeit von dem jeweiligen Stoff gereinigt wird. Die Clearance von bestimmten Stoffen dient zur Bestimmung der Nierenfunktion. So ist die Inulinclearance ein direktes Maß für die glomeruläre Filtrationsrate und die PAH-Clearance ein Maß für den renalen Plasmafluss. Die Clearance von Inulin beträgt ungefähr 120 ml/min und die Clearance von PAH 600ml/min.

Welche Bedeutung hat Kreatinin im Zusammenhang mit der Nierenfunktion?
Kreatinin ist ein Stoff aus dem Muskelstoffwechsel und hat sehr ähnliche Eigenschaften wie das Inulin. Da es im Körper produziert wird, muss es nicht wie das Inulin dem Körper gespritzt werden und ermöglicht so eine Abschätzung der Nierenfunktion (der glomerulären Filtrationsrate) in der Klinikroutine.

Wie bestimmt man die glomeruläre Filtrationsrate?
Mit der Inulin-Clearance. Inulin wird frei filtriert, nicht resorbiert und nicht sezerniert, so dass alles an Inulin, was durch den Bowmanfilter filtriert wird, auch ausgeschieden wird. Das kann man messen und zurückrechnen auf die glomeruläre Filtrationsrate. Zur Berechnung benötigt man: Harnzeitvolumen, Urin- und Plasmakonzentration von Inulin. Normal sind 120 ml/min.

Was bedeutet Glucose im Urin?
Glucose im Urin heisst im Fachtermini Glucosurie und ist immer pathologisch. Glucosurie besteht dann, wenn die Plasmakonzentration von Glucose die Nierenschwelle überschreitet, d.h. die Rückresorptionsmechanismen sind gesättigt und überfordert. Sie liegt bei 10 mmol/l oder 180 mg/dl Glucose. Nachweisen kann man Glucoserie z.B. durch Teststreifen. Ein häufiger Grund: Diabetes mellitus.

Was ist die Autoregulation der Niere?
Die Autoregulation der Niere ist eine Blutdruckspanne (von 80-180 mmHg), in der es die Niere schafft, die Filtrationsleistung konstant zu halten. Dies geschieht über den Bayliss-Effekt. Eine Erhöhung des Blutdrucks führt zur Vasokonstriktion im Vas afferens.

Was ist die Filtrationsfraktion?
Die Filtrationsfraktion ist der Teil des renalen Blutplasmaflusses, der filtriert wird (= GFR). Ungefähr ein Fünftel oder 0,2 oder 20%.

Jetzt könnt ihr euch wieder mal vom Diuresedruck befreien und danach mal was zur Resorption gönnen.

3.8 Verschiedene Stoffe und ihr Verhalten in der Niere

Im folgenden Abschnitt geht es darum, wie und wann die Niere es schafft die ganzen Elektrolyte und andere Stoffe aus dem Primärfiltrat zurückzugewinnen. Eigentlich verläuft die Rückresorption immer nach ähnlichen Prinzipien: Am Anfang wird viel und ungesteuert resorbiert, während am Ende (= im distalen Tubulus und im Sammelrohr) kleine Substanzmengen transportiert werden, dies jedoch unter der strengen Aufsicht der Hormone (z.B. Aldosteron).

MERKE:
- Es gibt die **Sekretion**, aber das Verb heißt **sezernieren** und bedeutet Ausscheidung, z.B. aus der Nierenzelle ins Tubuluslumen.
- Resorption oder resorbieren bedeutet etwas z.B. aus dem Tubulus zurückzuholen.

3.8.1 Prinzipien der Rückresorption

Die Niere hat bestimmte Prinzipien, nach denen sie ihre Aufgaben der Resorption und Sekretion erfüllt: Am Anfang des Tubulussystems - im proximalen Tubulus - versucht die Niere große Substanzmengen aus dem Primärfiltrat zurückzuholen. Da die Tubulusflüssigkeit isoton ist (= dieselbe Osmolarität wie das Blutplasma hat) kann hier ein **Massentransport** zurück ins **Blut erfolgen, weil nur kleine Konzentrationsgradienten überwunden** werden müssen. Viele Physikumsfragen zielen auf diese Tatsache ab, deshalb kann man sich (mit einer Ausnahme = dem Magnesium) merken:

MERKE:
Im proximalen Tubulus findet prozentual die größte Resorption statt. Ausnahme: Magnesium, erst in der Henle-Schleife.

Im weiteren Verlauf des Tubulus erreicht das Filtrat die Henle-Schleife, die im aufsteigenden Teil wasserundurchlässig ist. Hier wird unter anderem mit dem $2Cl^-$-Na^+-K^+-Symporter die Salzresorption erledigt. Mengenmäßig ist diese jedoch geringer als im proximalen Teil. Am Ende des Tubulussystems – im distalen Tubulus - wirken Hormone auf die Feineinstellung des Harns. Hier wird entschieden, wie viel Wasser und was für ein Urin (isoton, hypoton oder sogar hyperton = bei Antidiurese) ausgeschieden wird. Die Rückresorption von kleinen Substanzmengen erfolgt hier gegen extrem hohe Konzentrationsgradienten.

MERKE:
- Proximaler Tubulus: Massentransport zurück ins Blut gegen einen kleinen Konzentrationsgradienten – isotone Rückresorption.
- Henle-Schleife: Salzresorption. Deshalb wirken hier besonders die Diuretika.
- Distaler Tubulus und Sammelrohr: Rückresorption von kleinen Substanzmengen gegen große Konzentrationsgradienten. Hormonell gesteuerte Feineinstellung der Urinzusammensetzung bei möglichst kleinem Wasserverlust.

3.8.2 Rückresorption von Natrium, Kalium, Calcium und anderer Elektrolyte

Stoff	Hauptort der Resorption
Na^+	proximaler Tubulus (60%)
Ca^{2+}	proximaler Tubulus (60%)
HCO_3^-	proximaler Tubulus (90%)
Phosphat	proximaler Tubulus (70%)
Mg^{2+}	Henle-Schleife, dicker aufsteigender Ast, pars recta (60%)

Tabelle 2: Hauptresorptionsort ist der proximale Tubulus – Ausnahme Magnesium

Natrium (= Na⁺) und Chlorid (= Cl⁻)

In den folgenden Abschnitten wird die Natrium- und Chloridresorption entlang des Tubulussystems erläutert. Merken sollte man sich vorab schon mal, dass der **Antrieb für diese Resorption die basolaterale Na⁺/K⁺-ATPase ist**, die den dafür notwendigen Natriumgradienten aufbaut.

Natrium und Chlorid im proximalen Tubulus.

Insgesamt wird im proximalen Teil des Tubulussystems schon 2/3 des Natriums rückresorbiert. Leider muss man fürs schriftliche Examen im Falle von Natrium und Chlorid den proximalen Tubulus noch genauer anschauen und weiter unterteilen:
- in den frühproximalen und
- den spätproximalen Tubulus.

Frühproximal werden viele positive Natriumionen aus dem Lumen des Nierentubulus zurückgeholt, wodurch das Tubuluslumen negativer wird. Daher spricht man hier auch von einem **lumennegativen transepithelialen Potenzial.**

Im spätproximalen Tubulus werden die negativen Chloridionen aus dem Tubulus rückresorbiert. Daher wird hier das **transepitheliale Potenzial lumenpositiv.**

Dem rückresorbierten Natrium folgt passiv das **Wasser, das durch die Zellspalten (= parazellulär) bestimmte Stoffe mitspült.** Diesen Vorgang nennt man **solvent drag.** Durch die vermehrte Wasserresorption steigt spätproximal die Chloridkonzentration an.

Übrigens...
- Spätproximal steigt nur die **Chloridkonzentration** an, nicht jedoch die Menge. Die wird nämlich weniger, weil Chlorid den Tubulus verlässt. Wenn noch 40-50% des filtrierten Chlorids übrig sind, ist Chlorid sogar **höher konzentriert als Natrium**, das ja im Primärfiltrat das höher konzentrierte Ion ist.
- Neben der Wasserresorption wird die Natriumresorption auch zum Rücktransport von **Glucose und Aminosäuren** benutzt. **Antrieb für diesen sekundär aktiven Cotransport ist der Natriumgradient**, der über die basolaterale Na⁺/K⁺-ATPase aufgebaut wird.

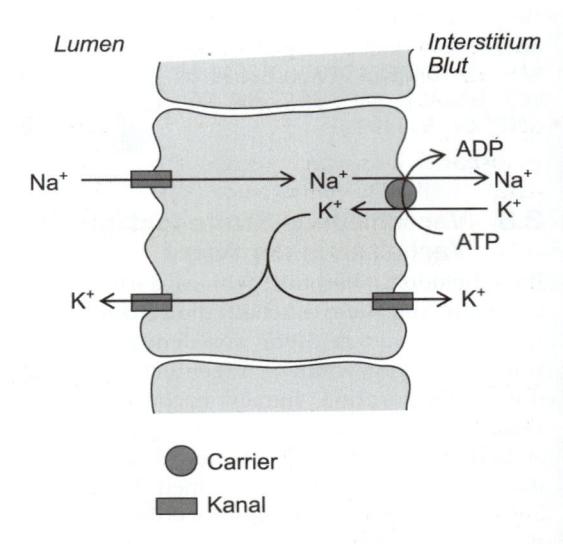

Abb. 19: Die Na⁺/K⁺-ATPase liegt basolateral und treibt den Transport an

MERKE:
- Im proximalen Tubulus werden 2/3 des Natriums rückresorbiert.
- Solvent drag = parazellulärer Wasserstrom spült Stoffe mit.
- Na⁺ wird im Cotransport mit Glucose und Aminosäuren resorbiert.
- Im frühproximalen Tubulus herrscht ein lumennegatives Potenzial durch Entfernung der positiven Natriumionen.
- Im spätproximalen Tubulus herrscht ein lumenpositives Potenzial. Grund: Durch die Wasserresorption steigt im Tubulus die Cl⁻-Konzentration, das in der Folge aus dem Tubulus entweicht und seine negative Ladungen natürlich mitnimmt.
- Spätproximal ist Chlorid höherkonzentriert als Natrium, das jedoch noch höher konzentriert ist als Bikarbonat (Cl⁻ > Na⁺ > HCO₃⁻).
- Am Ende des proximalen Tubulus sind noch 40-50% des Chlorids vorhanden.

Verschiedene Stoffe und ihr Verhalten in der Niere

Natrium und Chlorid im distalen Tubulus.
Im distalen Tubus begegnet uns nun der Lieblingstransporter der schriftlichen Physikumsprüfung: Der Na^+-K^+-$2Cl^-$-Cotransporter. Als ganz wichtiges Detail sollte man wissen, dass dieser Transporter durch das Diuretikum Furosemid (= z.B. Lasix) gehemmt wird.

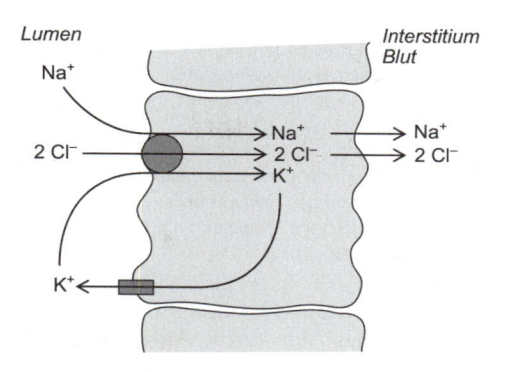

Abb. 21: Na^+-K^+-$2Cl^-$-Cotransporter und der weitere Weg der Ionen

Abb. 20: Na^+-K^+-$2Cl^-$-Cotransporter

→ LUMINAL!
Dicker aufst. Teil d. Henle-Schleife

MERKE:
Der Na^+-K^+-$2Cl^-$-Cotransporter ist durch Schleifendiuretika wie Furosemid hemmbar.

Übrigens…
Natrium und Chlorid, die mit dem Transporter befördert werden, verlassen die Zelle basolateral. Kalium dagegen benutzt einen luminalen Kanal und bewirkt so - auf Grund seiner positiven Ladung - ein lumenpositives Potenzial.

Kalium (= K^+)
Kalium kann - je nach Bedarf - retentiert (= zurückgehalten) oder ausgeschieden werden. Seine **fraktionelle Ausscheidung liegt dabei im Bereich von 1% (= Resorption) bis 200% (= Ausscheidung).** Der mittlere Wert bewegt sich zwischen 5% und 15%.
Bei einer Hyperkaliämie kann unser Körper daher **Kalium sezernieren, was bedeutet, dass die Kaliumclearance größer ist als die GFR** (s. 3.4, S. 25).

Übrigens…
Auch bei einer Antidiurese kann die Kaliumkonzentration im Urin über der im Primärfiltrat liegen.

Grundsätzlich funktioniert auch die Kaliumresorption nach den für Natrium besprochenen Prinzipien (s. 3.8.1, S. 29): Der **größte Teil des Kaliums wird schon im proximalen Tubulus** resorbiert. Dieser Transport erfolgt - im Gegensatz zum Natrium – jedoch **parazellulär**.

Übrigens...

An dieser Stelle solltet ihr euch kurz noch mal an die allgemeinen Resorptionsmechanismen in der Niere erinnern (s. 3.8.1, S. 29). Proximal findet ein Massentransport gegen kleine Konzentrationsgradienten statt. Distal werden kleine Mengen transportiert, jedoch gegen größere Gradienten mit hormoneller Feineinstellung.

Ein entscheidendes Hormon für den Kaliumhaushalt ist das Aldosteron. **Aldosteron erhöht die renale KaliumAUSSCHEIDUNG und gleichzeitig auch die intrazelluläre KaliumAUFNAHME.** Ist das kein Widerspruch? Eine erhöhte Ausscheidung zusammen mit einer erhöhten zellulären Aufnahme? Die Antwort lautet Nein, denn beide Mechanismen führen dazu, dass Kalium aus dem Extrazellulärraum entfernt wird, wo es z.B. das Ruhemembranpotenzial durcheinander bringen könnte.

Doch zurück zum Aldosteron: **Unter dem Einfluss dieses Hormons sezernieren die Hauptzellen des Sammelrohrs Kalium ins Tubuluslumen.** Die Schaltzellen im Sammelrohr und im Verbindungsstück resorbieren dagegen Kalium aus dem Lumen des Tubulus im Antiport mit H^+-Ionen.

MERKE:
- Der größte Teil des Kaliums wird im proximalen Tubulus parazellulär resorbiert.
- Die Hauptzellen des Sammelrohrs sezernieren Kalium aldosteronabhängig.
- Aldosteron erhöht die renale Kaliumausscheidung, aber auch die intrazelluläre Kaliumaufnahme.
- Die Schaltzellen im Sammelrohr und im Verbindungsstück können Kalium im Austausch mit H^+ resorbieren.
- Bei Hemmung der proximalen Na^+-Resorption steigt die Kaliumsekretion.
- Bei Hemmung der Na^+-Resorption im Sammelrohr - z.B. durch Amilorid - sinkt die Kaliumsekretion.

Beispiel:
Was sagt ihr zu diesen beiden Behauptungen:
- **Bei Hemmung der proximalen Na^+-Resorption steigt die Kaliumsekretion.**
- **Bei Hemmung der Na^+-Resorption im Sammelrohr (z.B. durch das Diuretikum Amilorid) sinkt die Kalium-Sekretion.**

Ja, genau! Die sind beide richtig, denn:
- Wenn im proximalen Tubulus die Natriumresorption behindert wird, holt sich die Niere das Natrium eben später - im Sammelrohr und im distalen Tubulus - zurück. Dort hängt die Natriumresorption aber ganz eng mit der Kaliumsekretion zusammen: Je mehr Natrium resorbiert wird, desto mehr Kalium wird ausgeschieden.
- Im zweiten Fall ist genau diese Verbindung zwischen Natrium und Kalium gestört, da Amilorid direkt einen Kaliumkanal hemmt. Dies führt dazu, dass weniger Natrium resorbiert wird und dementsprechend auch weniger Kalium den Körper verlässt. Aus diesem Grund, nennt man Diuretika wie Amilorid auch kaliumsparende Diuretika.

Übrigens...

Ein Beispiel zur Kaliumresorption, das schon im schriftlichen Examen gefragt wurde, ist das **Liddle-Syndrom**. Dabei handelt es sich um einen genetischen Defekt der nicht spannungsabhängigen Natriumkanäle, der zur erhöhten Öffnungswahrscheinlichkeit führt. Da im späten Teil des Tubulussystems und im Sammelrohr die Natriumresorption jedoch eng mit der Kaliumausscheidung verknüpft ist, hat dieser Defekt zur Folge, dass die Kaliumausscheidung erhöht ist, was zur Hypokaliämie (= Kalium-Konzentration im Blut) führt.

Magnesium (= Mg^{2+})

Magnesium bildet in der Niere eine Ausnahme, da für dieses Ion die vorne besprochenen Rückresorptionsprinzipien nicht ganz zutreffen: **Magnesium** wird **größtenteils erst in der Henle-Schleife rückresorbiert** und in die dortigen Zellen aufgenommen. Antrieb dafür ist das dort herrschende **lumenpositive Potenzial,** (Das doppeltpositiv geladene Magnesium wird vom ebenfalls positiven Tubuluslumen abgestoßen und drängt nach außen). Wird dieses transepitheliale Potenzial z.B. durch **Schleifendiuretika** wie Furosemid beeinflusst, hat das eine **erhöhte Magnesiumausscheidung** (= weniger Mg^{2+}-Rückresorption → mehr Mg^{2+}-Ausscheidung) zur Folge. Dazu muss man wissen, warum in der Henle-Schleife ein positives transepitheliales Potenzial herrscht. Der Grund ist die erhöhte Resorption der negativen Chloridionen (s. 3.8.2, S. 30). Schleifendiuretika verhindern genau diese Chloridresorption und sorgen damit für ein geringeres transepitheliales Potenzial. Die Folge ist, dass Magnesium im Tubuluslumen nicht mehr so stark abgestoßen wird und es sich im Tubulus bequem macht.

Übrigens...
Herrschen im Körper hohe Plasmakonzentrationen von Magnesium, kann der Körper von Resorption auf **Ausscheidung** umschalten. Diese Ausscheidung findet hauptsächlich **parazellulär** statt.

Calcium (= Ca^{2+})
Calcium wird zum **größten Teil im proximalen Tubulus** resorbiert. Antrieb dafür ist wieder mal das dort herrschende lumenpositive Potenzial. Der passive Transport erfolgt hauptsächlich **parazellulär**. Ein weiterer Resorptionsort für Calcium ist der **dicke aufsteigenden Teil der Henle-Schleife**, hier erfolgt der Transport über Carrier (= transzellulär), die von Parathormon beeinflusst werden. Aus demselben Grund wie für Magnesium (s. 3.8.2, S. 30) ist auch für **Calcium die Ausscheidung bei Furosemidgabe erhöht.**

Bicarbonat (= HCO_3^-)
Bicarbonat folgt den grundsätzlichen Rückresorptionsprinzipien: es wird **überwiegend im proximalen Tubulus rückresorbiert (= zu 90%).** Das HCO_3^- wird filtriert und reagiert mit den von den Tubuluszellen sezernierten H^+-Ionen zu Kohlendioxid (= CO_2) und Wasser (= H_2O). Das CO_2 diffundiert in die Tubuluszellen und reagiert dort wieder mit Wasser zu HCO_3^-. Dieses HCO_3^- verlässt dann über einen Transporter basolateral die Zellen. Bitte merkt euch fürs Examen unbedingt, dass ohne H^+-Ionen keine Bicarbonatresorption möglich ist.
Da die Reaktion $HCO_3^- + H^+ \leftrightarrow H_2CO_3 \leftrightarrow CO_2 + H_2O$ im Normalfall sehr langsam ablaufen würde, wird sie im Körper durch ein Enzym katalysiert: **Die Carboanhydrase, die tubulär und zellulär vorkommt.** Wird die Carboanhydrase gehemmt - z.B. durch Acetazolamid - führt dies zu einer erhöhten Bicarbonatausscheidung, zu einer Azidose und einer Diurese durch eine verminderte Na^+-Resorption. Doch warum ist in diesem Fall die Natriumresorption vermindert? Antwort: Weil die H^+-Ionen, die zur Bicarbonatresorption gebraucht werden, die Zelle im Na^+-Antiport verlassen. Funktioniert die zelluläre Carboanhydrase jedoch nicht, stehen weniger H^+-Ionen für den Na^+-H^+-Antiport zur Verfügung und mehr Natrium wird ausgeschieden. Diese vermehrte Natriumausscheidung bewirkt dann auch die Diurese.

MERKE:
Die Hemmung der Carboanhydrase – z.B. mit Acetazolamid - bewirkt eine
- Diurese auf Grund der verminderten Na^+-Resorption,
- erhöhte Bicarbonatausscheidung und
- Azidose, da H^+-Ionen zurückgehalten werden.

Alkalose - keine sezernierten H^+-Ionen. Eine Alkalose bedeutet einen relativen Mangel an H^+-Ionen im Blutplasma. Der Körper versucht H^+-Ionen zu sparen und daher möglichst wenig auszuscheiden. In der Niere heißt das, es werden weniger H^+-Ionen über den Na^+-H^+-Antiport ins Tubuluslumen sezerniert. Im Tubuluslumen stehen dann weniger H^+-Ionen für den Carboanhydrase-Mechanismus (s. 3.8.2, S. 30) bereit. Als Folge entgehen die HCO_3^--Ionen der Resorption und werden vermehrt mit dem Urin ausgeschieden. Dies ist auch sinnvoll, da Bicarbonat eine alkalische Valenz ist und der Körper durch dessen vermehrte Abgabe den pH-Wert wieder normalisieren kann. Wenn mehr HCO_3^- ausgeschieden wird, steigt folglich der pH-Wert des Urins an. Außerdem führt eine Alkalose (z.B. eine respiratorische Alkalose) zur Diurese, weil die proximal-tubuläre Na^+-Resorption im Antiport mit H^+ gehemmt wird. Wenn jedoch Natriumionen der Rückresorption entgehen, bedeutet das auch immer eine vermehrte Wasserausscheidung.

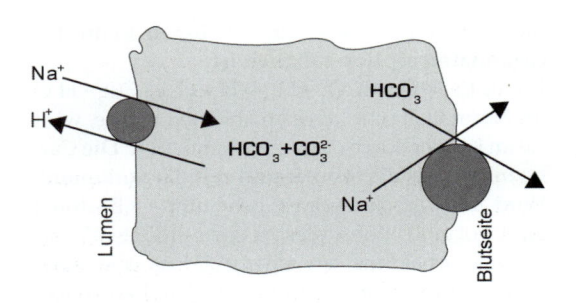

Abb. 22: Na⁺/H⁺-Antiport – Dieser Transport ist bei der Alkalose gehemmt

MERKE:
Eine Alkalose führt zu
- erhöhter HCO_3^--Ausscheidung im Blut,
- alkalischem Urin,
- verminderter proximaler Natriumresorption und
- Diurese.

Phosphat

Vom filtrierten **Phosphat** wird normalerweise nur eine **geringe Menge ausgeschieden.** Die **Rückresorption erfolgt sekundär-aktiv** mit dem Natriumgradienten als Antrieb.
Durch den Bowmanfilter wird Phosphat als HPO_4^{2-} filtriert. Die HPO_4^{2-}-Ionen erreichen das Tubulussystem und puffern H⁺-Ionen ab. Im Urin erscheint dann $H_2PO_4^-$ als titrierbare Säure. Die Ausscheidung von Phosphat wird durch Parathormon gefördert.

Übrigens...
Die Ausscheidung von Phosphat ist erhöht bei einer Azidose und/oder einem erhöhten Parathormonspiegel.

3.8.3 Rückresorption weiterer wichtiger Substanzen

Außer den wichtigen Elektrolyten befinden sich im Primärfiltrat auch noch andere Stoffe, die zurückgewonnen werden sollen. Einer davon ist die Glucose, der Liebling des schriftlichen Examens. Anschließend geht es um die Proteine, die Aminosäuren und zu guter Letzt den Harnstoff.

Übrigens...
Fettsäuren müssen NICHT rückresorbiert werden, da sie gar nicht filtriert werden.

Glucose

Glucose ist einer der Stoffe, die so wichtig für den Körper sind, dass sie eigentlich gar nicht ausgeschieden werden sollten. Schon **im proximalen Tubulus** wird daher die **filtrierte Glucosemenge fast vollständig rückresorbiert.** Dies geschieht sekundär-aktiv mit Natrium (= elektrogener Transport, s. 1.7.3, S. 6). Sind diese Transporter gesättigt, was bedeutet, dass mehr Glucose im Tubulus vorhanden ist als rückresorbiert werden kann, taucht Glucose im Urin auf. Das ist **immer pathologisch** und wird als **Glucosurie** bezeichnet. Mögliche Ursachen sind:
- defekte Glucosecarrier (= angeborener Defekt) oder
- Überschreiten des Transportmaximums, z.B. bei einer Hyperglykämie (= zuviel Glucose im Blut).

Übrigens...
- Die Grenze zwischen Sättigung und Überschreiten des Transportmaximums nennt man **Nierenschwelle.** Sie liegt bei 180mg/dl oder 10 mmol/l.
- Da Glucose osmotisch wirksam ist, führt eine Glucosurie zur osmotischen Diurese.

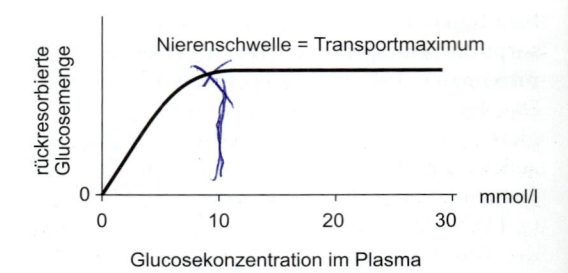

Abb. 23: Die Glucoseresorption hat ein Maximum und kann NICHT beliebig gesteigert werden.

Verschiedene Stoffe und ihr Verhalten in der Niere | 35

Übrigens...
Der Begriff **Diabetes mellitus** (mellitus bedeutet „mit Honig versüßt") hat auch mit der Nierenschwelle von Glucose zu tun. Beim Diabetes mellitus ist die Insulinproduktion, -ausschüttung oder -wirkung gestört, wodurch es zur Hyperglykämie kommt und Glucose in der Folge im Urin auftaucht. Da früher die Urindiagnostik noch ein wenig rustikaler war, sollen die Nonnen (= die damaligen Krankenschwestern) mit dem Finger den Urin des Patienten probiert haben und dieser schmeckte eben beim Vorliegen eines Diabetes süß wie Honig.

Proteine
Von gesunden Glomeruli werden die großen Proteine fast gar nicht filtriert. Dies liegt zum einen an der Filtergröße der Bowmankapsel und zum anderen an der negativen Ladung der Basalmembran. Diese negative Ladung stößt die ebenfalls negativ geladenen Proteine ab, die dann schon gar keine Lust mehr haben durch den Filter zu gehen. Daher liegt die normale Ausscheidung von Albumin unter 200 mg (physiologisch zwischen 5-35 mg) pro Tag.

Merke:
Neulich in der Niere: „Du stößt mich ab" sagte das Albumin. „Warum bist du immer so negativ?" erwiderte die Basalmembran. „Selber..."

Übrigens...
Kleinere Proteine, die es doch bis in den Tubulus schaffen, können per Endozytose resorbiert werden. Die noch kleineren Peptide werden mit speziellen Transportern zurückgeholt. Hervorzuheben sind hier besonders die **Dipeptide**, die dazu den **tertiär-aktiven Transport mit H⁺-Ionen** nutzen (s.1.7.2, S. 6).

Aminosäuren
Wie könnte es anders sein? Auch Aminosäuren nutzen den **Natriumgradienten für ihre sekundär-aktive Rückresorption**. Für die verschiedenen **Aminosäuregruppen** gibt es dabei **spezifische Gruppentransporter:** Arginin und Lysin benutzen z.B. denselben Carrier. Liegt eine Aminosäure dieser Gruppe in zu großer Menge vor, hemmt sie kompetitiv die Aufnahme der anderen Aminosäuren dieser Gruppe, die dann prozentual weniger aus dem Tubulussystem zurückgeholt werden.

Fettsäuren
Fettsäuren werden normalerweise nicht filtriert und tauchen daher auch nicht im Harn auf.

Harnstoff
Wie der Name schon vermuten lässt, ist der Harnstoff ein **harnpflichtiger Stoff.** Das bedeutet, dass der Körper darauf angewiesen ist, ihn mit dem Harn auszuscheiden. **Sollte dies nicht mehr möglich sein, z. B. bei einer eingeschränkten GFR (s. 3.4, S. 25), treten erhöhte Harnstoffkonzentrationen im Blut auf.**

Harnstoff ist ein Endprodukt des Stickstoffstoffwechsels mit einer hohen Fettlöslichkeit aber einer geringen Proteinbindung. Daher kann er Membranen einfach durch Diffusion (s. 1.7.1, S. 5) überwinden. Aus diesem Grund ist es auch **NICHT möglich 100% des filtrierten Harnstoffs auszuscheiden.**

Harnstoff unterliegt in der Niere einem Kreislauf:
- Im proximalen Tubulus wird ein Teil des Harnstoffs resorbiert, der Rest verbleibt erst mal im Tubulus.
- Im Bereich des distalen Tubulus ist die Wand durchlässig für Wasser aber undurchlässig für Harnstoff. Daher steigt hier die Harnstoffkonzentration an (Aber denkt bitte daran: Nur die Konzentration steigt an, NICHT die Menge, s. 1.3.1, S. 1).
- Am Ende des Sammelrohrs ist die Wand für Harnstoff wieder durchlässig und er diffundiert wieder ins Nierenbecken zurück. Hier **hat Harnstoff einen großen Anteil am hohen osmotischen Gradienten,** der für die Harnkonzentrierung (s. 3.9, S. 35) so wichtig ist.

Übrigens...
- Weil Harnstoff im Sammelrohr aus dem Tubulussystem wieder heraus diffundiert, kommt es zu keiner vollständigen Ausscheidung des filtrierten Harnstoffs. Seine fraktionelle Ausscheidung ist sogar geringer als die von Kreatinin.
- Wenn bei einer Niereninsuffizienz die Niere nicht mehr in der Lage ist harnpflichtige Substanzen, Gifte, Medikamente und andere Stoffe, die renal eliminiert werden, auszuscheiden, dann sammeln diese sich im Körper an. Bei Medikamenten führt dies dazu, dass sie länger wirken. Deshalb muss man bei Nierenpatienten bestimmte Medikamente geringer dosieren (z.B. Digoxin = Digitalisglyko-

sid für die Herzkraftsteigerung). Bei Harnstoff nennt man diesen Zustand **Urämie** (=Harnvergiftung des Blutes) und die Symptome können von leichter Übelkeit mit Erbrechen bis hin zum urämischen Koma reichen, ein ernsthaftes Krankheitsbild, das durch Dialyse behandelt werden muss.

MERKE:
- Harnstoff ist ein harnpflichtiger Stoff und dient der renalen Stickstoffausscheidung.
- Bei stark gefallener GFR findet sich eine erhöhte Harnstoffkonzentration im Blut.
- Harnstoff diffundiert bei Antidiurese aus dem Sammelrohr in die Henle-Schleife zurück und trägt damit erheblich zum Erhalt des osmotischen Gradienten bei.
- Weil Harnstoff aus dem Tubulus herausdiffundiert, wird der filtrierte Harnstoff NICHT vollständig ausgeschieden und hat eine geringere fraktionelle Ausscheidung als Kreatinin.

3.9 Haarnadelgegenstromprinzip – Diurese/Antidiurese

In der schriftlichen Prüfung ist das haarsträubende Haarnadelgegenstromprinzip zwar nicht so wichtig, für die mündliche Prüfung im Bereich Physiologie sollte man es sich aber dennoch genau ansehen. Dazu empfiehlt es sich, dieses Kapitel auch noch mal in einem ausführlicheren Lehrbuch nachzulesen.
Was kann die Niere überhaupt konzentrationstechnisch leisten? **Die Niere kann den Harn auf maximal 1200 mosmol/l konzentrieren oder bei Diurese auf 50mosmol verdünnen.** Die Wasserresorption hängt dabei entscheidend von der Osmolarität im Nierenbecken ab, da dort der wichtige osmotische Gradient erzeugt wird, der dafür sorgt, dass Wasser aus dem Sammelrohr durch die Aquaporine ins Interstitium zurückdrängt und somit dem Körper weiterhin zur Verfügung steht. Dieser osmotische Gradient wird durch viele Faktoren beeinflusst. Einen **großen Anteil** daran hat der gern gefragte **Na^+-K^+-$2Cl^-$-Transporter.** Wenn man diesen hemmt (z.B. durch ein Schleifendiuretikum wie Furosemid), kommt es zur massiven Diurese, da die Osmolarität im Nierenbecken sinkt und das Wasser folglich keinen Grund mehr hat, das Sammelrohr zu verlassen. Zusätzlich zum Na^+-K^+-$2Cl^-$-Transporter sollte man sich noch den Harnstoff merken, der auch noch einen entscheidenden Einfluss auf den osmotischen Gradienten im Nierenbecken hat.

MERKE:
- Die maximale Osmolarität des Urins beträgt 1200 mosmol/l.
- Der osmotische Gradient wird vor allem durch den Na^+-K^+-$2Cl^-$-Transporter (bei Hemmung durch Furosemid massive Diurese) und durch Harnstoff aufgebaut.
- Die maximale Harnosmolarität kann niemals über der Osmolarität des Nierenbeckens liegen.
- Bei Antidiurese herrscht eine hohe Osmolarität im Nierenbecken, die wesentlich über der des Plasmas liegt.

Abb. 24: Das Gegenstromprinzip ist vielfältig einsetzbar, sogar bei Pinguinen on Ice

Beispiel:
Um 900 mosmol auszuscheiden braucht man mindestens 0,75 Liter Urin.
Grund: Die maximale Konzentrationsfähigkeit der Niere beträgt 1200 mosmol pro Liter. 900 mosmol entsprechen drei Viertel dieser 1200 mosmol osmotisch wirksamen Teilchen. Wenn man nur die ausscheiden will, braucht man auch nur drei viertel Liter Wasser, was 0,75l entspricht.

Die Niere als Wirkungs- und Produktionsort von Hormonen

DIE RESORPTION WAR GAR NICHT OHNE, DARUM JETZT NE PAUSE UND DANN DIE HORMONE ...

Übrigens...
Aldosteron führt auch noch zu einer erhöhten Ausscheidung von H^+- und Kaliumionen. Um das überschüssige Kalium auszuscheiden, ist deshalb bei einer Hyperkaliämie die Aldosteronsekretion aus der Nebennierenrinde erhöht.

3.10 Die Niere als Wirkungs- und Produktionsort von Hormonen

Wenn man spontan ein Organ benennen sollte, das mit Hormonen zu tun hat, fiele einem wahrscheinlich als Letztes die Niere ein. Nichtsdestotrotz ist dieser Hormonschauplatz ein wichtiger Abschnitt fürs Examen und das spätere ärztliche Wirken, der dazu auch noch spannend ist.

In diesem Skript werden euch zunächst die Hormone vorgestellt, die auf die Niere/den Wasserhaushalt und damit auch auf den Kreislauf wirken:

- Aldosteron,
- Renin-Angiotensin-Aldosteron-System (RAAS)
- ADH = antidiuretisches Hormon/Adiuretin/Vasopressin und
- ANF (atrialer natriuretischer Faktor), Atriopeptin oder ANP.

Anschließend geht es dann um die Hormone, die von der Niere produziert werden:

- Erythropoetin und
- Calcitriol.

3.10.1 Aldosteron

Aldosteron ist ein Hormon der **Nebennierenrinde**, das aus **Cholesterin** synthetisiert wird. Es gehört zu den **Mineralcorticosteroiden** und wirkt hauptsächlich am **spätdistalen Tubulus** sowie am **Sammelrohr**. In den dortigen Zellen steigert Aldosteron die **Produktion der Na^+/K^+-ATPase**, die basolateral in die renalen Epithelzellen eingebaut wird. Außerdem **induziert Aldosteron die Synthese von Natriumkanalproteinen**, die luminal in die Epithelzellen des Sammelrohres eingebaut werden. **Beides hat zur Folge, dass mehr Natrium resorbiert** wird, dem dann passiv das Wasser folgt. Dadurch, dass positiv geladene Natriumionen aus dem Sammelrohrlumen entfernt werden, wird dort das transepitheliale Potenzial stark lumennegativ.

MERKE:
Aldosteron
- wirkt am spätdistalen Tubulus und an den Sammelrohren,
- fördert die Synthese von Natriumkanalproteinen im Sammelrohr,
- induziert die Na^+/K^+-ATPase, die in die basolaterale Membran renaler Sammelrohrepithelzellen eingebaut wird,
- fördert die Resorption von Na^+ und Wasser,
- führt zur Sekretion von H^+ und K^+ (daher auch gesteigerte Aldosteronsekretion bei K^+-reicher Nahrung...).

3.10.2 Renin-Angiotensin-Aldosteron-System

Dieses System wird auch als tubuloglomeruläre Rückkopplung bezeichnet. Sinkt der renale Blutdruck akut unter 90 mmHg systolisch, werden Barorezeptoren gereizt, die eine Reninausschüttung anregen.

Renin ist eine Peptidase, die aus Angiotensinogen Angiotensin 1 abspaltet. Aus Angiotensin 1 spaltet das Angiotensin-Converting-Enzym (= ACE) in der Lunge das Angiotensin 2 ab. **Angiotensin 2 wirkt nun vasokonstriktorisch, fördert den Durst und erhöht in der Nebennierenrinde die Aldosteronausschüttung.** Alle diese Mechanismen erhöhen das Blutvolumen und bewirken über die Vasokonstriktion eine bessere Blutversorgung der Niere. Damit es nicht zu einer überschießenden Ausschüttung von Renin kommt, hemmt Angiotensin 2 die Reninausschüttung im Sinne einer negativen Feedbackschleife.

www.medi-learn.de

Niere

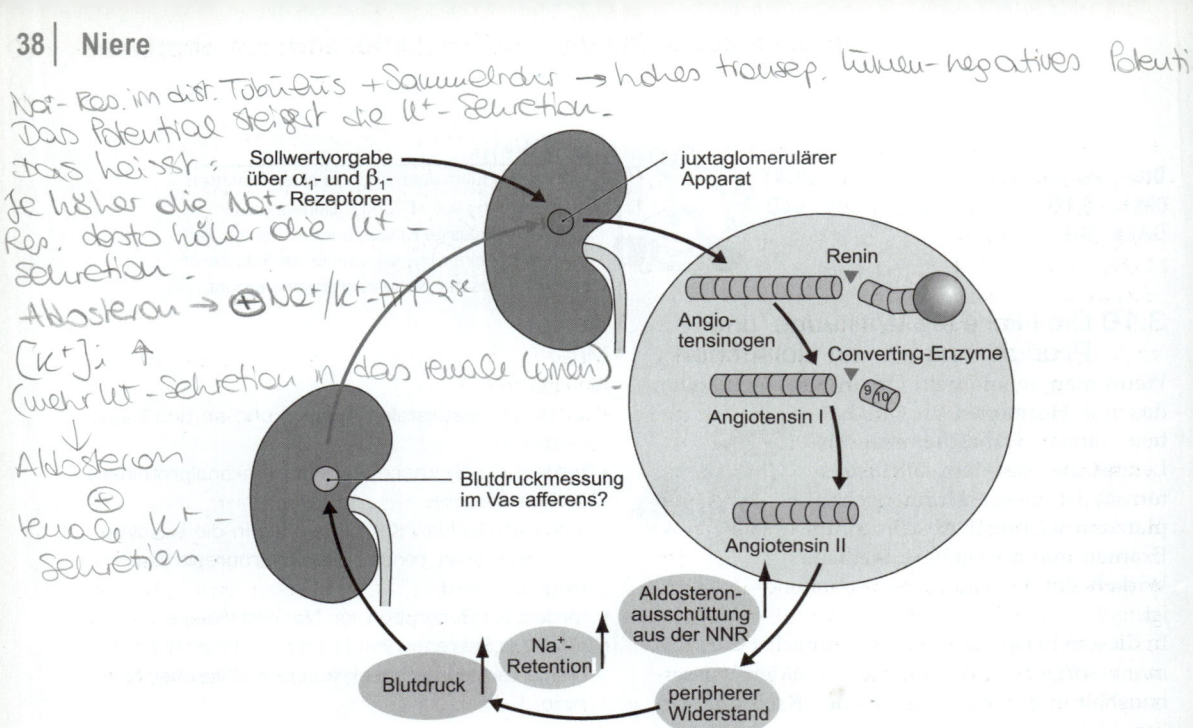

[Handschriftliche Notizen am oberen und linken Rand:]

Na⁺-Res. im dist. Tubulus + Sammelrohr → hohes transep. lumen-negatives Potential. Das Potential steigert die K⁺-Sekretion.
Das heisst: Je höher die Na⁺-Res., desto höher die K⁺-Sekretion.
Aldosteron → ⊕ Na⁺/K⁺-ATPase
[K⁺]i ↑
(mehr K⁺-Sekretion in das renale Lumen)
↓
Aldosteron
⊕
renale K⁺-Sekretion

Abb. 25: Renin-Angiotensin-Aldosteron-System

Übrigens...

Die Macula densa ist die Stelle im Tubulusverlauf, an der ein Tubulus wieder zu seinem Glomerulum zurückkehrt. Dort wird die NaCl-Konzentration der Tubulusflüssigkeit gemessen: Ist diese zu hoch, glaubt der Tubulus mit der Rückresorption überfordert zu sein und drosselt selber über eine **Vasokonstriktion im Vas afferens die Blutzufuhr, was eine Verringerung der Filtrationsmenge zur Folge hat.** So ermöglicht sich der Tubulus selbst ein effektives Arbeiten.

MERKE:
Renin wird freigesetzt wenn
- der arterielle Mitteldruck abfällt,
- renale β-Adrenorezeptoren stimuliert werden,
- die Niere minderdurchblutet ist (z.B. bei Hypovolämie oder einer Nierenarterienstenose) und
- die NaCl-Konzentration an der Macula densa ansteigt (führt direkt zur Vasokonstriktion im Vas afferens und dadurch zur GFR-Verminderung).

Der Renin-Angiotensin-Kreislauf:
1. Renin spaltet aus Angiotensinogen Angiotensin 1 ab.
2. ACE spaltet Angiotensin 1 in Angiotensin 2 (= ein Oktapeptid).
3. Angiotensin 2 wirkt

- vasokonstriktorisch,
- Durst fördernd,
- erhöht die Aldosteronausschüttung und
- hemmt die Reninausschüttung.

3.10.3 Antidiuretisches Hormon (=ADH)/ Adiuretin/Vasopressin - drei Namen ein Hormon

Manchmal kann man schon vom Namen auf den Charakter schließen; zumindest bei Hormonen... ADH ist die Abkürzung für **Anti**di**u**retisches **H**ormon, was frei übersetzt das Gleiche bedeutet wie Adiuretin, nämlich ein „Hormon, das die Wasserrückresorption erhöht". Aus seinem älteren Namen **Vasopressin** kann man sich seine zweite Wirkung als **Gefäßkonstriktor** (= Engsteller der Blutgefäße) ableiten.

Übrigens...

Neuerdings macht man sich die gefäßverengende Wirkung des ADH zunutze, indem man es auch als Notfallmedikament einsetzt.

Die Niere als Wirkungs- und Produktionsort von Hormonen

Jetzt werden wir einem ADH-Molekül mal über die Schulter schauen und es von der Geburt im Hypothalamus bis zur Niere auf seinem Lebensweg begleiten: Das Licht der Welt erblickt **das ADH im Hypothalamus**, wo es aus neun Aminosäuren (= Nonapeptid) zusammengebaut, direkt verpackt und **per axonalem Transport** entlang der Nervenfaser eine Etage tiefer in **den Hypophysenhinterlappen** verschickt wird. Dort sitzt es nun **in seinem Exozytosevesikel** und wartet auf seinen großen Einsatz. Im Gegensatz zu den Hormonkollegen, die nebenan im Hypophysenvorderlappen herumlungern, **hat das ADH KEIN releasing Hormon**. Sein Einsatzbefehl erfolgt dann, wenn an den Osmorezeptoren eine **zu hohe Plasmaosmolarität gemessen wird oder das Plasmavolumen stark fällt.** Es ist also gar nicht so dumm, dass ADH als Vasokonstriktor und auf die Wasserrückresorption wirkt, da beides dazu führt, dass dem Kreislauf mehr Flüssigkeit zur Verfügung steht, was dem Blutdruck zu Gute kommt.

Die ADH-Moleküle, die nicht in der Niere oder an den Gefäßen wirken, sorgen im Hypothalamus für die **Ausschüttung von ACTH.** ACTH führt in der Nebennierenrinde zur **Aldosteronausschüttung.** Aldosteron und ADH haben beide die Aufgabe, dem Körper mehr Flüssigkeit bereitzustellen. Über die induzierte ACTH-Ausschüttung verstärkt das ADH also seine eigene Wirkung.

In der Niere angekommen, bindet das **ADH-Molekül an den V2-Rezeptor im Sammelrohr** und bewirkt auf der luminalen (= zum Sammelrohr hin...) Seite der Zelle über einen **second messenger** den Einbau von Wasserkanälen - **den Aquaporinen** – in die Zellmembran. Jetzt kann das Wasser ungehindert rückresorbiert werden, was dazu führt, dass das **Plasmavolumen ansteigt und so die Plasmaosmolarität abnimmt (= Verdünnung)** s. Abb. 1, S. 2). Gleichzeitig wird **weniger Wasser ausgeschieden, wodurch die Harnosmolarität ansteigt (= Konzentrierung).**

Übrigens...
Beim **Diabetes insipidus** liegt eine Störung der Synthese (= zentraler Diabetes insipidus) oder der Wirkung des ADHs vor **(= renaler Diabetes insipidus)**, was zum ungehinderten Wasserverlust über den Harn führt. Die Wirkung von ADH kann z.B. auf Grund eines genetischen Defekts der V2-Rezeptoren am Sammelrohr eingeschränkt sein. Dieses Krankheitsbild wurde im schriftlichen Examen schon des Öfteren gefragt.

MERKE:
Wer hell und viel pinkelt, hat einen niedrigeren ADH-Spiegel im Blut!
Eselsbrücke: ADH = Nonapeptid = Neun Details zu merken:
ADH
1. ist ein Nonapeptid aus dem Hypothalamus,
2. wird per axonalem Transport in den Hypophysenhinterlappen (= Neurohypophyse) transportiert,
3. wird bei fallender Plasmaosmolarität oder fallendem Plasmavolumen per Exozytose ausgeschüttet,
4. hat kein releasing Hormon, bewirkt aber selbst die Ausschüttung von ACTH,
5. bindet an den V2-Rezeptor der Sammelrohrzellen,
6. aktiviert eine second messenger-Kaskade,
7. bewirkt den Einbau von Aquaporinen in die luminale Membran der Sammelrohrzellen,
8. führt zur gesteigerten Wasserrückresorption (= antidiuretische Wirkung), was einen höherkonzentrierten Harn zur Folge hat (= gesteigerte Harnosmolarität) und
9. senkt die Ausscheidung des freien Wassers (= die Plasmaosmolarität sinkt).

3.10.4 Atriopeptin/atrialer natriuretischer Faktor (= ANF) – das Hormon, das von Herzen kommt

Wenn zu wenig Volumen in der Blutbahn vorliegt wird ADH ausgeschüttet. Doch was passiert, wenn wir zuviel Volumen im Körper haben? Richtig, für diesen Fall haben wir das Atriopeptin: Bei einer vermehrten Volumenbelastung wird der Herzvorhof gedehnt und die Herzvorhofzellen sezernieren Atriopeptin. Atriopeptin steigert als Gegenspieler von Aldosteron (s. 3.10.2, S. 36) die glomeruläre Filtrationsrate (= GFR) und das Harnzeitvolumen und entlastet so das Herz durch Verkleinerung des Plasmavolumens. Außerdem hemmt es die Reninfreisetzung und damit auch die Aldosteronsekretion und steigert in der Niere die Natriumausscheidung. In einer schriftlichen Prüfung wurde sogar schon nach seinem second messenger gefragt: es ist cGMP. Dies sei jedoch nur am Rande erwähnt und gehört nicht zum grundlegenden Prüfungswissen. Unbedingt merken solltet ihr euch jedoch, dass ANF vom Herzen kommt. Das ist ein leichter und sicherer Punkt mehr im Physikum.

MERKE:
Hypervolämie führt zur Reizung von Vorhofrezeptoren und die Vorhofzellen schütten ANF aus. ANF sorgt für die Verkleinerung des Plasmavolumens durch Steigerung
- der GFR,
- des Harnzeitvolumens und
- der Natriumausscheidung.

Daneben wird noch der Blutdruck durch die Hemmung der Reninausschüttung gesenkt.
- ANF = kommt vom Herzen.

3.10.5 Calcitonin und Parathormon

Diese beiden Hormone mit Nierenwirkung werden hier nur kurz erwähnt. Mehr dazu siehe Skript Physiologie 2. Zum Calcitonin solltet ihr euch merken, dass es ein Peptidhormon ist, das
- überwiegend in der Schilddrüse gebildet wird,
- die Osteoklastentätigkeit im Knochen hemmt,
- **die Phosphatausscheidung in der Niere erhöht und**
- **die Calciumrückresorption der Niere fördert** (s. 3.8.2, S. 30).

Das **Parathormon aus den Nebenschilddrüsen** ist ein wichtiger Spieler im **Calciumhaushalt**:
- Es führt zur raschen Mobilisierung von Calcium aus den Knochen und
- wirkt mit dem Calcitonin an der Niere synergistisch, indem es die Phosphatresorption hemmt und die Calciumresorption fördert.
- In der Niere bewirkt es außerdem die Synthese von Calcitriol.

MERKE:
Parathormon stellt Calcium parat.

Übrigens...
Die Nebenschilddrüsen, in denen das Parathormon produziert wird, sind vier etwa linsengroße Strukturen im Bereich hinter der Schilddrüse (der Name ist hier mal wieder Programm...).

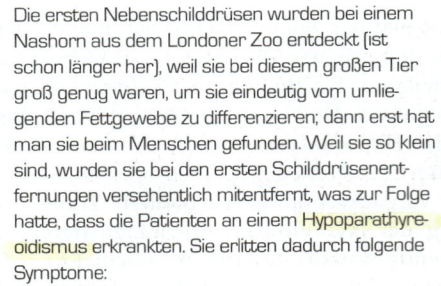

Die ersten Nebenschilddrüsen wurden bei einem Nashorn aus dem Londoner Zoo entdeckt (ist schon länger her), weil sie bei diesem großen Tier groß genug waren, um sie eindeutig vom umliegenden Fettgewebe zu differenzieren; dann erst hat man sie beim Menschen gefunden. Weil sie so klein sind, wurden sie bei den ersten Schilddrüsenentfernungen versehentlich mitentfernt, was zur Folge hatte, dass die Patienten an einem Hypoparathyreoidismus erkrankten. Sie erlitten dadurch folgende Symptome:
- Hypokalziämie (führte zu einer Tetanie, s. 1.8.3, S. 9) und
- Hyperphosphatämie.

Das Gegenteil tritt ein, wenn man am primären Hyperparathyreoidismus leidet. Das überproduzierte Parathormon führt dabei zu
- **Knochensubstanzverlust (durch Osteoklastenaktivität)**,
- Hypercalciämie und
- Hypophosphatämie.

Eigentlich doch toll, wie einfach das ist, oder? Wenn ihr euch merkt „Parathormon stellt Calcium PARAT", vergesst ihr diese beiden Krankheitsbilder bestimmt bis an euer Lebensende nicht mehr.

3.10.6 Erythropoetin

Was der Radprofi sich teuer beim Dopingexperten seiner Wahl erkaufen muss, stellt sich der Normalsterbliche selbst her: Das Epo oder in seiner natürlichen Form das Erythropoetin.
Erythropoetin, ein Glykoprotein der Niere, fördert die Bildung und Reifung der Erythrozyten (= roten Blutzellen) im Knochenmark. Sollten es die unermüdlichen Sauerstofftransporter nicht schaffen, genügend Sauerstoff zur Niere zu bringen (= Hypoxie), bestellt sich die Niere per Erythropoetin-Hormon einfach neue Erythrozyten. 90% des Erythropoetins werden in der Niere synthetisiert. Kann die Niere dieser Funktion nicht nachkommen - z. B. bei einer Niereninsuffizienz - kommt es zwangsläufig zur Anämie (= Blutarmut). **Deshalb ist bei einer Anämie grundsätzlich auch immer an ein Nierenversagen zu denken.**

MERKE:
- Erythropoetin ist ein Glykoprotein der Niere zur Stimulierung der Erythropoese.
- Sekretionsreiz für Erythropoetin ist die Hypoxie.
- Bei einer Niereninsuffizienz kommt es auf Grund des Fehlens von Erythropoetin zur Anämie.

handwritten note at top: ↓ EPO im Plasma → terminale Niereninsuffizienz (=> normochrome normozytäre Anämie)

Übrigens...

Warum ist Epo-Doping gefährlich, wenn es doch eigentlich nur Erythrozyten im Knochenmark bestellt? Grund: Der Hämatokritwert gibt den Anteil der roten Blutzellen im Blut an und hat einen großen Einfluss auf die Viskosität des Bluts. Steigt nun durch Epo die Anzahl der Erythrozyten, so wird das Blut immer zähflüssiger (= visköser) und kann irgendwann nicht mehr richtig durch die Kapillaren fließen, was zur Kreislaufüberlastung führt. Der Tod vieler Radsportler in jungen Jahren ließ als Ursache das Epo-Doping vermuten. Per Dopingrichtlinie ist ein Hämatokrithöchstwert von 50% festgesetzt, weil man davon ausgeht, dass dieser Wert ungefährlich und mit normalem Höhentraining noch zu erreichen ist.

3.10.7 Calcitriol
(= 1,25-Dihydroxycholecalciferol)

Noch ein Hormon ist auf die Niere angewiesen: Aus Vitamin D_3 wird nämlich erst in der Leber und der Niere durch zwei Hydroxylierungsprozesse (= dihydroxy-) das aktive Hormon Calcitriol hergestellt. Es hat seinen Platz im Calcium-/Phosphatkreislauf, wo es die Calcium- und die Phosphataufnahme aus dem Darm stimuliert. Bei einem Calcitriolmangel kommt es auf Grund des verminderten Calciumspiegels zur Osteoporose.

DAS BRINGT PUNKTE

Zugeben, gerade zur Rückresorption werden im Schriftlichen verdammt viele Details gefragt. Mit der folgenden Liste seid ihr aber auf der sicheren Seite und solltet einige Punkte einheimsen können:

- PARAThormon stellt Calcium PARAT.
- ANF kommt vom Herzen und wird bei Hypervolämie von den Herzvorhofzellen ausgeschüttet.
- Erythropoetin ist ein Glykoprotein der Niere und wird bei Hypoxie sezerniert. Es sorgt für die Bildung von Erythrozyten.
- ADH aus dem Hypothalamus sorgt über V2-Rezeptoren für den Einbau von Aquaporinen im Sammelrohr und fördert die ACTH-Sekretion. Sekretionsreize für ADH sind fallende Plasmaosmolarität und sinkendes Plasmavolumen.
- Renin wird in der Niere freigesetzt, wenn der arterielle Blutdruck fällt oder die Niere minderdurchblutet ist. Es sorgt für eine Vasokonstriktion.
- Angiotensin 2 wirkt vasokonstriktorisch.
- Renin-Angiotensin-Kreislauf:
  - Renin spaltet aus Angiotensinogen Angiotensin 1 ab,
  - ACE spaltet Angiotensin 1 in Angiotensin 2,
  - Angiotensin 2 wirkt vasokonstriktorisch, fördert den Durst, erhöht die Aldosteronausschüttung und hemmt die Reninausschüttung.
- Aldosteron aus der Nebennierenrinde sorgt im spätdistalen Tubulus und im Sammelrohr für die Synthese von Natriumkanälen und der Na^+/K^+-ATPase. Das fördert die Resorption von Wasser und Natrium sowie die Sekretion von H^+ und K^+.
- Die Niere kann den Harn auf maximal 1200 mosmol/l konzentrieren.
- Die maximale Harnosmolarität kann NICHT über der Osmolarität des Nierenbeckens liegen.
- Harnstoff ist harnpflichtig, hat großen Anteil am osmotischen Gradienten und wird im Verlauf des Tubulus NICHT komplett eliminiert.
- Der Antrieb für eine Rückresorption ist fast immer der Natriumgradient (Ausnahme: Der tertiär aktive Disaccharid-Rücktransport mit dem H^+-Gradienten als Antrieb.).
- Glucose im Urin ist IMMER pathologisch und gründet sich auf die Überlastung der Glucosecarrier (>10 mmol/l oder 180 mg/dl).
- Ohne H^+-Ionen kann keine Bicarbonatresorption stattfinden, außerdem ist Bicarbonat dafür auf die Carboanhydrase angewiesen.
- Der Antrieb der parazellulären Calciumresorption ist das lumenpositive Potenzial. Bei Furosemidgabe ist daher die Calciumausscheidung erhöht.
- Magnesium wird zum größten Teil in der Henle-Schleife resorbiert.
- Die fraktionelle Ausscheidung von Kalium kann im Bereich von 1% (= Resorption) bis 200% (= Ausscheidung) liegen. Aldosteron fördert die Kaliumausscheidung und dessen Aufnahme in die Zellen.
- Der Na^+-K^+-$2Cl^-$-Cotransporter ist durch Schleifendiuretika wie Furosemid (= Lasix) hemmbar.
- Bis auf Magnesium werden alle Stoffe schon im proximalen Tubulus zum größten Teil resorbiert.

BASICS MÜNDLICHE

Die Niere in der mündlichen Prüfung ist ein sehr dankbares Thema. Sollte man eine offene Frage in der Art: „Was können Sie mir über die Niere erzählen?" gestellt bekommen, sollte man erst mal einen Überblick geben und am besten mit den Funktionen der Niere anfangen.
Und denkt immer daran: „Wer selbst viel erzählt, kann wenig gefragt werden…

Nennen Sie mir bitte die Funktionen der Niere.
- Steuerung des Wasser- und Elektrolythaushalts,
- Hormonproduktion,
- Regulation des Säure-/Basenhaushalts,
- Ausscheidung von Giftstoffen und Stoffwechselendprodukten,
- Blutdruckregulation.

Was versteht man unter der Autoregulation der Niere?
Als Autoregulation der Niere bezeichnet man die Tatsache, dass die GFR im Bereich des normalen Blutdrucks (= zwischen 80 und 160 mmHg) fast konstant bleibt. Dies geschieht dadurch, dass der Widerstand der vorgeschalteten afferenten Arteriolen automatisch auf den Blutdruck eingestellt wird. Diesen Effekt nennt man Baylisseffekt. Im Nierenmark funktioniert diese Autoregulation nicht ganz perfekt, deshalb kommt es dort bei erhöhten Blutdrücken zur Druckdiurese.

Stichwort GFR-Berechnung. Was hat Inulin damit zu tun?
Die Formel lautet:

$$GFR = \frac{\dot{V}_U \times U_{in}}{P_{in}}$$

GFR=Inulinclearance, Herleitung s. 3.4, S. 26
Inulin wird frei filtriert, nicht resorbiert und nicht sezerniert. Deshalb ist die Inulinclearance der perfekte Indikator für die GFR.

Was ist ein transepitheliales Potenzial und wie entsteht es?
Das transepitheliale Potenzial ist die Potenzialdifferenz über einer Tubulusepithelzelle. Es wird zur Rückresorption gebraucht, besonders von Calcium und Magnesium. Im Tubulusverlauf ist es frühproximal zunächst durch die Natriumresorption lumennegativ und wird dann spätproximal - durch die Entfernung der negativen Chloridionen aus dem Tubuluslumen - lumenpositiv. Dieses lumenpositive Potential stößt nun die doppelt positiv geladenen Ionen Ca^{++} und Mg^{++} ab und drängt sie aus dem Tubuluslumen.

Wie ist die Clearance definiert? Wie hoch ist die Clearance von Inulin, PAH und Glucose?
Die Clearance gibt das Plasmavolumen an, das in einer Minute von einem bestimmten Stoff gereinigt wird. Die Einheit ist ml pro Minute.
- Die Inulinclearance ist gleich der GFR = 120 ml/min. Inulin wird frei filtriert, nicht resorbiert und nicht sezerniert.
- PAH ist ein Maß für den renalen Plasmafluss = 650 ml/min. PAH wird frei filtriert, nicht resorbiert und fast vollständig sezerniert.
- Glucose wird bei normalen Plasmaspiegeln fast vollständig rückresorbiert. Die Clearance ist dann 0 ml/min. Erst wenn die Nierenschwelle von 180 mg/dl überschritten wird, kommt es zur Ausscheidung im Harn.

Was ist eine Glucosurie und wie entsteht sie?
Als Glucosurie bezeichnet man den pathologischen Zustand, wenn Glucose im Urin erscheint. Dies ist vor allem ein Zeichen einer Hyperglykämie. Wird die Nierenschwelle für Glucose überschritten, so sind die Glucosetransporter mit der Rückresorption überlastet und können die filtrierte Glucose nicht mehr komplett rückresorbieren. Der Diabetes mellitus ist häufig mit Hyperglykämien vergesellschaftet und trägt deshalb auch seinen Namen [s. 3.9.3, S. 24].

Wie funktioniert die Harnkonzentrierung?
Im Nierenmark wird über den Gegenstrommechanismus ein starker osmotischer Gradient aufgebaut. Wenn im Sammelrohr viele Aquaporine eingebaut sind, strömt Wasser entlang des osmotischen Gradienten ins Nierenmark zurück und wird dort über die Vasa recta abtransportiert. Die maximale Harnosmolarität kann also nur so hoch sein, wie die Osmolarität im Nierenmark (max. 1200 mosmol/l). Großen Anteil am osmotischen Gradienten hat der Harnstoff und der Schleifentransporter (= Na^+-K^+-$2Cl^-$-Transporter). Deshalb ist er auch ein guter Angriffspunkt für das Diuretikum Furosemid.

Index

Symbole
[osmol/l] 2

A
Acetazolamid 33
ACTH 39
Albumin 10, 16f., 35
Aldosteron 29
Alkalose 10, 33 f.
allgemeine Gaskonstante 5
Amilorid 32
Anämie 40
Angiotensin-Converting-Enzym (= ACE) 37
Antidiurese 16, 36
antidiuretisch 39
Antiport 6, 32 f.
Antiporter 7
Aquaporine 39
Arteriolen 17
ATP 5 f.
- ATPase 5 f.
- Hydrolyse 5 f.
- Produktion 6
Azidose 9 f., 33

B
Basalmembran 35
Baylisseffekt 21
Blutdruck 3, 15, 21
Blutplasma 2 f., 7
Bowman 25, 34
Bowman-Kapsel 16

C
Carboanhydrase 33
Carrier 6, 33

D
Diabetes 35, 39
- insipidus 39
- mellitus 35
Digitalisglykosid 35
Diurese 16, 33 f.
Diuretika 28, 33
Druck 16
- hydrostatischer 16
- interstitieller 16
- kolloidosmotischer 16
- onkotischer 16
- zentralvenöser 17

E
Elephantiasis 17
Erythrozyt 40
Extrazellulärraum 2, 3

F
Fick-Diffusionsgesetz 4
Filtrationsfraktion 27 f.
Furosemid 28, 31, 33, 36
Furosemidgabe 33

G
g-Strophantin 6, 12
Gaskonstante 11
Glomerulum 21
Glucosurie 34
Gradient 3
Gramm 1
- Kilogramm 1
- Mikrogramm 1
- Milligramm 1

H
Hämatokrit 26
Hämatokrithöchstwert 41
Hämolyse 9
Harn 16
Henle-Schleife 29, 32 f.
Herzglykosid 22
Herzinsuffizienz 17
Herzrhythmusstörung 8
hydrostatischer Druck 4 f.
Hyperkaliämie 8 f., 13, 31
Hyperventilationstetanie 10
Hypoaldosteronismus 9
Hypokaliämie 9, 11
Hypoparathyreoidismus 40
Hypoproteinämie 17
Hypothalamus 16, 39

I
Indikatorsubstanz 14
Insulin 8 f., 12
Intrazellulärraum 2, 7
isoton 16

K
Kohlendioxid (= CO_2) 33
Konzentrationsgradient 3, 6
- chemischer 3, 7
- elektrischer 3, 7
- elektrochemischer 3, 5 f., 7
Konzentrierung 2
Körperwasser 14

L
Ladungsverzerrung 3, 12
Liddle-Syndrom 32
Liter 1
- Deziliter 1
- Femtoliter 1
- Mikroliter 1
- Milliliter 1
- Nanoliter 1
- Pikoliter 1
Logarithmus 11

M
Mangelernährung 17
Mineralcorticosteroide 37
Mol 1

N
Nebenschilddrüsen 40
Nierenarterienstenose 38
Niereninsuffizienz 9, 16, 40
Nierenmark 28
Nierenschwelle 34

O
Osmorezeptoren 16
osmotisch 2 f., 35

P
Parathormon 9, 33 f.

Permeabilität 4 f.
Plasma 2 f.
Proteinbindung 10

R
Reflexionskoeffizient 5

S
Sammelrohr 32, 37, 39
Sättigungscharakteristik 4 f.
semipermeabel 3
semipermeable Membran 4 f.
solvent drag 30
Symport 6 f.

T
temperaturabhängig 3, 5 f.
transepitheliales Potenzial 30, 33, 37
Transport 3, 6 f.
- aktiver 3, 5 f.
- elektrogener 3, 6
- elektroneutraler 3, 7
- passiver 3 ff.
Triebkraft 10, 11
- chemische 10
- elektrische 10
Tubulus 7, 27, 29, 32 f.
- distaler 29, 32
- proximaler 29, 32
Tubulussystem 6

U
Urämie 36
Urinzeitvolumen 25

V
Vasokonstriktion 37 f.
Verdünnung 2
Verdünnungsmethode 14

W
Wasserintoxikation 16

Eure Meinung ist gefragt

Unser Ziel ist es, euch ein perfektes Skript zur Verfügung zu stellen. Wir haben uns sehr bemüht, alle Inhalte korrekt zu recherchieren und alle Fehler vor Drucklegung zu finden und zu beseitigen. Aber auch wir sind nur Menschen: Möglicherweise sind uns einige Dinge entgangen. Um euch mit zukünftigen Auflagen ein optimales Skript bieten zu können, bitten wir euch um eure Mithilfe.

Sagt uns, was euch aufgefallen ist, ob wir Stolpersteine übersehen haben oder ggf. Formulierungen präzisieren sollten. Darüber hinaus freuen wir uns natürlich auch über positive Rückmeldungen aus der Leserschaft.

Eure Mithilfe ist für uns sehr wertvoll und wir möchten euer Engagement belohnen: Unter allen Rückmeldungen verlosen wir einmal im Semester Fachbücher im Wert von 250,- EUR. Die Gewinner werden auf der Webseite von MEDI-LEARN unter www.medi-learn.de bekannt gegeben.

Schickt eure Rückmeldungen einfach per Post an MEDI-LEARN, Olbrichtweg 11, 24145 Kiel oder tragt sie im Internet in ein spezielles Formular ein, das ihr unter der folgenden Internetadresse findet: www.medi-learn.de/rueckmeldungen

Vielen Dank
euer MEDI-LEARN Team

Die Webseite für Medizinstudenten & junge Ärzte
www.medi-learn.de

Die MEDI-LEARN Foren sind der Treffpunkt für Medizinstudenten und junge Ärzte – pro Monat werden über 10.000 Beiträge von den rund 18.000 Nutzern geschrieben.
Mehr unter www.medi-learn.de/foren

Der breitgefächerte redaktionelle Bereich von MEDI-LEARN bietet unter anderem Informationen im Bereich „vor dem Studium", „Vorklinik", „Klinik" und „nach dem Studium". Besonders umfangreich ist der Bereich zur Examen.
Mehr unter www.medi-learn.de/campus

Einmal pro Woche digital und fünfmal im Jahr sogar in Printformat. Die MEDI-LEARN Zeitung ist „das" Informationsmedium für junge Ärzte und Medizinstudenten. Alle Ausgaben sind auch rückblickend online verfügbar.
Mehr unter www.medi-learn.de/mlz

Studienplatztauschbörse, Chat, Gewinnspiel, kompass, Auktionshaus oder Jobbörse – die interaktiven Dienste von MEDI-LEARN runden das Onlineangebot ab und stehen allesamt kostenlos zur Verfügung.
Mehr unter www.medi-learn.de

Jetzt neu - von Anfang an in guten Händen: Der MEDI-LEARN Club begleitet dich von der Bewerbung über das Studium bis zur Facharztprüfung. Exklusiv für dich bietet der Club zahlreiche Premiumleistungen.
Mehr unter www.medi-learn.de/club

www.medi-learn.de

Diese und über 600 weitere Cartoons
gibt es in unseren Galerien unter:

www.Rippenspreizer.com

Wenn Schummeln nicht deine Art ist...

MEDI-LEARN
Bahnhofstr. 26b
35037 Marburg
Tel: 06421/68 16 68
info@medi-learn.de

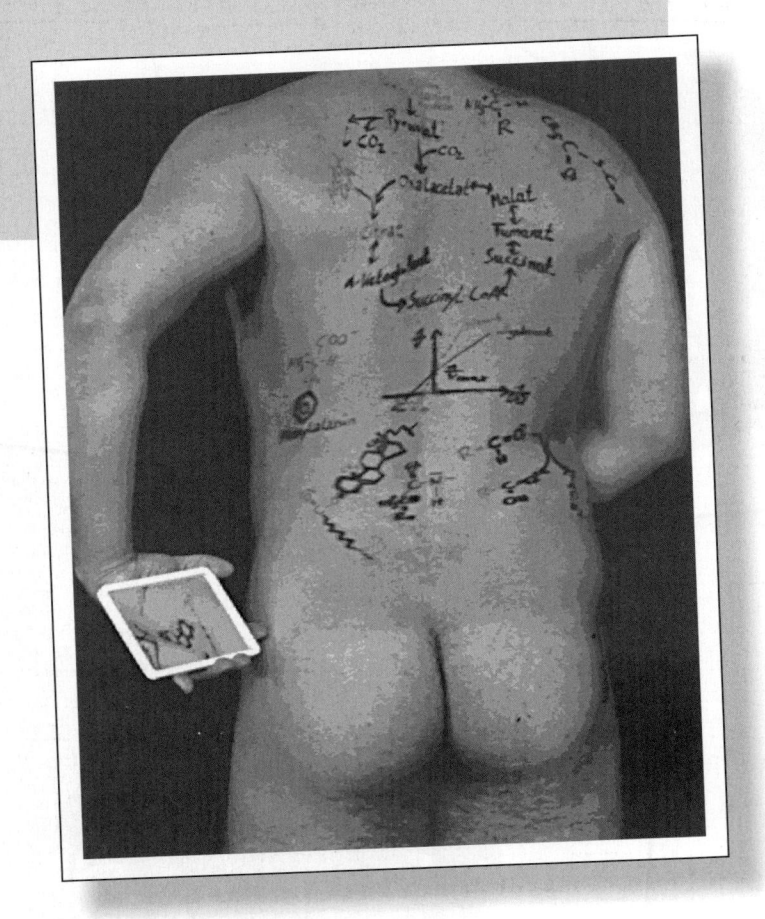

Unsere Kursangebote
Effektive Examensvorbereitung

- Kompaktkurse Physikum
- Intensivkurse Physikum
- Intensivkurse Hammerexamen

MEDI-LEARN
Medizinische Repetitorien

Weitere Informationen und Anmeldung unter: www.medi-learn.de/kurse